博弈论选讲

俞 建 著

科学出版社

北 京

内 容 简 介

本书对博弈论中的主要数学模型进行了比较全面的介绍，然后应用非线性分析的理论和方法，对此进行了比较深入的研究. 内容包括：数学预备知识、矩阵博弈与两人零和博弈、双矩阵博弈与 n 人非合作有限博弈、n 人非合作博弈、广义博弈、数理经济学中的一般均衡定理、Bayes 博弈与主从博弈、多目标博弈与广义多目标博弈、完美平衡点与本质平衡点、合作博弈简介.

本书可作为基础数学、应用数学及经济管理等专业的高年级本科生或研究生教材，也可供从事数学、经济管理及相关专业的科研工作者学习参考.

图书在版编目（CIP）数据

博弈论选讲/俞建著. —北京：科学出版社，2014
ISBN 978-7-03-041287-4

Ⅰ. ①博… Ⅱ. ①俞… Ⅲ. ①博弈论 Ⅳ. ①O225

中国版本图书馆 CIP 数据核字（2014）第 138458 号

责任编辑：赵彦超／责任校对：刘亚琦
责任印制：徐晓晨／封面设计：陈 敬

科 学 出 版 社 出版
北京东黄城根北街16号
邮政编码：100717
http://www.sciencep.com

北京凌奇印刷有限责任公司 印刷

科学出版社发行 各地新华书店经销

*

2014年 6 月第 一 版 开本：720×1000 1/16
2021年 5 月第七次印刷 印张：8 1/2
字数：159 000

定价：48.00 元

（如有印装质量问题，我社负责调换）

前　言

近些年来博弈论研究很活跃, 自 1994 年 Nash 等获得 Nobel 经济奖以来, 又有 5 次 (分别在 1996 年、2001 年、2005 年、2007 年和 2012 年)Nobel 经济奖授予从事博弈论研究与应用的学者.

从经济理论发展的需要来看, 这是完全可以理解的, 因为博弈论和经济学都强调个人理性, 即有约束的最优化行为. 从经济实践发展的需要来看, 这些年来经济全球化深入发展, 生产规模扩大, 垄断势力增强, 人们要谈判、讨价还价并进行交易, 这些都建立在个人理性的基础上, 随着这种竞争的日益加剧以及各种利益冲突与合作的持续展开, 博弈论的思想和方法逐渐成为理解和分析经济问题的语言和工具.

毫不夸张地说, 经济学正在经历着一场博弈论革命. 正如国际著名博弈论学者 Kreps(1989 年 Clark 奖获得者, Clark 奖有"小 Nobel 经济奖"之称) 在 1990 年所指出的,"过去一二十年, 经济学研究方法经历了一次渐进式革命 —— 非合作博弈的用语、概念和技术逐渐占据了经济学的中心地位. "[1]

非合作博弈论与合作博弈论之间的关系如何?

非合作博弈论不允许局中人结盟, 也不允许局中人对支付进行再分配, 强调的是策略和平衡. 合作博弈论则允许局中人结盟, 也允许局中人对支付进行再分配, 强调的是结盟和分配.

合作博弈论强调结盟, 但是结盟是如何形成的? 又是如何保持的? 这就需要博弈开始之前的谈判, 包括如何协调选择策略以及如何对支付进行再分配. 谈判的过程是一个以实力为基础的非合作博弈, Nash 就提及合作博弈应该被还原为非合作博弈来研究, 在博弈开始之前就"达成一个假定具有强制性的协议"[2].

合作博弈论强调分配, 分配就应讲公平和效率, 但是什么是公平, 什么是讲效率的公平? 至今并没有一个被普遍认可的准则. 正因为如此, 合作博弈至今仍然没有一个统一的解的概念 (每类具体问题往往有专门定义的解), 且任何解的概念都不具有 Nash 平衡点在非合作博弈中的地位.

我们知道, von Neumann 等所著的博弈论的奠基之作《博弈论与经济行为》[3] 出版于 1944 年, 主要研究矩阵博弈与合作博弈. 之后的 30 年间, 合作博弈曾经是博弈论研究的主流. 从 20 世纪 70 年代中期开始, 与合作博弈相比, 非合作博弈发展迅速, 不可阻挡, 确立了它在博弈论中的基础与核心地位. Nobel 经济奖已有 6 次授予从事博弈论研究与应用的学者, 前 5 次的获奖工作都属于非合作博弈. 进入

21 世纪后, 合作博弈又开始重新受到重视, Shapley 等于 2012 年的获奖就是重要例证. 总之, 还是 2007 年 Nobel 经济奖获得者 Myerson 说得好, 要 "认识到非合作博弈理论的基础与核心地位及合作博弈理论必不可少的补充作用"[4].

博弈论是运筹学的一个重要分支, 而最优化理论是运筹学的主要组成部分, 它们之间的关系又如何呢? 最优化理论无需考虑他人反应的选择行为, 而博弈论则必须考虑他人反应, 是你中有我、我中有你的行为互动. 博弈论模型当然更具普遍性, 因为在今天这个高度信息化的社会中, 各种事物的联系正越来越紧密, 一个人的决策往往会影响到其他一些人的利益, 他们自然会采取相应的决策来维护自己的利益, 一个人实际获得的利益不仅依赖于自己的决策, 也依赖于其他一些人的决策. 必须清醒地认识到这一点, 否则你的最优化模型可能不会成功, 决策可能失败.

本书名为 "博弈论选讲", 因此不是对博弈论作面面俱到的介绍, 而是针对作者认为重要的内容作一定深度的论述. 本书在有限维欧氏空间 R^n 的框架中展开论述, 对博弈论中的主要数学模型进行重点介绍, 然后应用非线性分析的理论和方法, 对它们进行比较深入的研究, 其中一些结果和技巧则是新的、富有启发性的, 当然也是可以改进和推广的.

本书共分 10 讲, 主要内容大致安排如下: 第 1 讲是数学预备知识, 重点在于对凸分析、集值映射、不动点定理和 Ky Fan 不等式作比较全面的论述; 第 2 讲和第 3 讲分别介绍了矩阵博弈、两人零和博弈、双矩阵博弈与 n 人非合作有限博弈; 第 4 讲和第 5 讲分别介绍 n 人非合作博弈和广义博弈, 对平衡点的存在性分别给出了三组充分必要条件, 并给出了几个 Nash 平衡点的存在性定理, 此外, 对两人零和博弈的鞍点和策略集无界情况下的 Nash 平衡点也给出了存在性定理, 尤其是对 Cournot 博弈、公共地悲剧问题以及轻微利他平衡点的存在性, 都作了比较细致的论述; 第 6 讲是数理经济学中的一般均衡定理, 除了阐述 Walras 一般经济均衡理论思想外, 重点论述了均衡价格的存在性和 Pareto 最优性, 尤其是应用 Nash 平衡点的存在性定理直接导出了一般经济均衡定理, 这一结果是新的、很有意义的; 第 7 讲是 Bayes 博弈与主从博弈, 其中 Bayes 博弈是 1994 年 Nobel 经济奖获得者 Harsanyi 的主要工作 [5], Harsanyi 是针对不对称信息提出这一模型的, 从而为信息经济学奠定了基础; 第 8 讲是多目标博弈与广义多目标博弈, 首先给出了向量值 Ky Fan 不等式和向量值拟变分不等式解的存在性定理, 然后应用它们证明了多目标博弈和广义多目标博弈弱 Pareto-Nash 平衡点的存在性定理, 这一讲的内容是丰富的、比较完备的; 第 9 讲介绍完美平衡点与本质平衡点, 完美平衡点是 1994 年 Nobel 经济奖获得者 Selten 的主要工作 [6], Selten 将完全理性看作是有限理性的极限, 提出了 Nash 平衡点精炼的概念, 而本质平衡点是我国著名数学家吴文俊先生和江嘉禾先生在 1962 年的工作 [7], 是博弈论中最早的平衡点稳定性研究 [8], 实际上是 Nash 平衡点的一种精炼; 第 10 讲是合作博弈简介, 对合作博弈中两个最常用

的解 —— 核与 Shapley 值 [9] 作了扼要的介绍.

真心感谢有关的机构、老师、朋友、学生和家人.

本书虽然反复修改, 错误仍在所难免, 恳请读者批评指正.

1959 年的博弈论并不是热门, 它只是一种 “微末”, 充其量只是少数数学家的舞台, 博弈论的论文也主要发表在数学杂志上, 并没有引起人们足够的重视. 也正是在那时, 吴文俊先生就敏锐地指出: “大风起于微末, 谁又能武断目前还是微末的博弈论, 不在将来蔚为大风呢?”[10] 半个多世纪过去了, 今天, 博弈论已经 “蔚为大风”, 充满激情与活力, 召唤着我们去开拓与创新. 前进, 这是多么好啊, 这才是生活, 尽情地享受吧!

作　者

2014 年 5 月 6 日

目　录

第 1 讲　数学预备知识

本书的预备知识主要是有关凸分析、集值映射、不动点定理和 Ky Fan 不等式的一些基本概念和结论. 本讲将在 n 维欧氏空间 R^n 的框架中, 对这部分内容作简明扼要的介绍, 主要参考了文献 [11]~[16].

1.1　n 维欧氏空间 R^n

关于 n 维欧氏空间 R^n, 相信读者是熟悉的.

对任意 R^n 中的两点 $x=(x_1,\cdots,x_n)$ 和 $y=(y_1,\cdots,y_n)$, 定义 x 与 y 之间的距离

$$d(x,y)=\left[\sum_{i=1}^{n}(x_i-y_i)^2\right]^{\frac{1}{2}}.$$

显然有

(1) $d(x,y)\geqslant 0$, $d(x,y)=0$ 当且仅当 $x=y$;

(2) $d(x,y)=d(y,x)$;

(3) 对任意 R^n 中的一点 $z=(z_1,\cdots,z_n)$, $d(x,y)\leqslant d(x,z)+d(y,z)$.

设 $\{x^m\}$ 是 R^n 中的一个序列, $x\in R^n$, 如果 $d(x^m,x)\to 0\,(m\to\infty)$, 则称 $x^m\to x$, 显然 x 是唯一确定的, 即如果 $x^m\to x$, $x^m\to y$, 则 $x=y$.

又 $d(x,y)$ 是 (x,y) 的连续函数, 即如果 $x^m\to x$, $y^m\to y$, 则 $d(x^m,y^m)\to d(x,y)$.

对任意 $x^0\in R^n$ 和实数 $r>0$, 记 $O(x^0,r)=\{x\in R^n: d(x,x^0)<r\}$, 它是以 x^0 为球心、r 为半径的开球.

设 G 是 R^n 中的非空点集, $x^0\in G$, 如果存在 $r>0$, 使 $O(x^0,r)\subset G$, 则称 x^0 是 G 的内点. G 中全体内点的集合称为 G 的内部, 记为 $\mathrm{int}G$. 如果 G 中每一点都

是 G 的内点, 即 $G = \text{int}G$, 则称 G 是 R^n 中的开集.

显然有

(1) 空集 $\varnothing$ 和 R^n 都是开集;

(2) 任意个开集的并集是开集;

(3) 有限个开集的交集是开集.

设 F 是 R^n 中的非空点集, 如果对 F 中的任一序列 $\{x^m\}$, $x^m \to x$, 则必有 $x \in F$, 就称 F 是 R^n 中的闭集.

易知闭集的余集是开集, 开集的余集是闭集, 且有

(1) 空集 $\varnothing$ 和 R^n 都是闭集;

(2) 任意个闭集的交集是闭集;

(3) 有限个闭集的并集是闭集.

设 A 是 R^n 中的非空点集, 所有包含 A 的闭集的交集, 也就是包含 A 的最小闭集, 称为 A 的闭包, 记为 $\bar{A}$. 显然 A 是闭集当且仅当 $A = \bar{A}$.

设 X 是 R^n 中的非空点集, 可以将其视为 R^n 的子空间: 对任意 X 中的两点 $x = (x_1, \cdots, x_n)$ 和 $y = (y_1, \cdots, y_n)$, 仍以 R^n 中两点之间的距离公式 $d(x, y)$ 来定义它们在 X 中两点之间的距离. R^n 中任意开集与 X 的交即为 X 中的开集, R^n 中任意闭集与 X 的交即为 X 中的闭集. $x_0 \in X$, 任何包含 x_0 的 X 中的开集称为 x_0 在 X 中的开邻域.

设 A 是 R^n 中的非空点集, 称 $d(A) = \sup\limits_{x\in A, y\in A} d(x, y)$ 为 A 的直径. 如果 $d(A) < \infty$, 则称 A 是 R^n 中的有界集.

以下两个结果的证明见文献 [17].

聚点收敛定理　设 X 是 R^n 中的有界闭集, 则对 X 中的任意序列 $\{x^m\}$, 必有子序列 $\{x^{m_k}\}$, 使 $x^{m_k} \to x \in X\,(m_k \to \infty)$.

注 1.1.1　这是数学分析实数理论中 Weierstrass 定理的推广. 进一步, 如果 X 是 R^n 中的有界集, 则对 X 中的任意序列 $\{x^m\}$, 必有子序列 $\{x^{m_k}\}$, 使 $x^{m_k} \to x\,(m_k \to \infty)$, 这里因 X 不一定是闭集, 故 x 不一定属于 X.

有限开覆盖定理 设 X 是 R^n 中的有界闭集, $\{G_\lambda : \lambda \in \Lambda\}$ 是 R^n 中的任意一族开集 (其中 Λ 是指标集), $\bigcup\limits_{\lambda\in\Lambda} G_\lambda \supset X$, 则存在这族开集中的有限个开集 $G_1, \cdots, G_m$, 使 $\bigcup\limits_{i=1}^{m} G_i \supset X$.

注 1.1.2 这是数学分析实数理论中 Borel 覆盖定理的推广. 进一步, 如果 X 是 R^n 中的有界闭集, $\{G_\lambda : \lambda \in \Lambda\}$ 是 X 中的任意一族开集 (其中 Λ 是指标集), $\bigcup\limits_{\lambda\in\Lambda} G_\lambda = X$, 则存在这族开集中的有限个开集 $G_1, \cdots, G_m$, 使 $\bigcup\limits_{i=1}^{m} G_i = X$.

证明 $\forall\lambda \in \Lambda$, 因 G_λ 是 X 中的开集, 存在 R^n 中的开集 G'_λ, 使 $G_\lambda = G'_\lambda \bigcap X$. 因 $\bigcup\limits_{\lambda\in\Lambda} G'_\lambda \supset X$, 存在 $G'_1, \cdots, G'_m$, 使 $\bigcup\limits_{i=1}^{m} G'_i \supset X$, 故 $\bigcup\limits_{i=1}^{m} G_i = X$.

设 X 是 R^n 中的非空子集, $f : X \to R$ 是一个函数, $x^0 \in X$, 如果 $\forall\varepsilon > 0$, 存在x^0 在 X 中的开邻域 $O(x^0)$, 使 $\forall x \in O(x^0)$, 有

$$f(x) < f(x^0) + \varepsilon (\text{或} f(x) > f(x^0) - \varepsilon),$$

则称 f 在 x^0 是上半连续的 (或下半连续的). 如果 f 在 x^0 既上半连续又下半连续, 则称 f 在 x^0 是连续的, 此时 $\forall x \in O(x^0)$, 有 $|f(x) - f(x^0)| < \varepsilon$. 如果 $\forall x \in X$, f 在 x 连续 (或上半连续, 或下半连续), 则称 f 在 X 上是连续的 (或上半连续的, 或下半连续的).

设 A 是 R^n 中的非空点集, $x \in R^n$, 称 $d(x, A) = \inf\limits_{y\in A} d(x, y)$ 为 x 与 A 之间的距离. $d(x, A)$ 是 x 的连续函数且 $d(x, A) = 0$ 当且仅当 $x \in \bar{A}$.

引理 1.1.1 设 X 是 R^n 中的非空点集, $f : X \to R$ 是一个函数, 则

(1) f 在 X 上是上半连续的当且仅当 $\forall c \in R, \{x \in X : f(x) \geqslant c\}$ 是 X 中的闭集;

(2) f 在 X 上是下半连续的当且仅当 $\forall c \in R, \{x \in X : f(x) \leqslant c\}$ 是 X 中的闭集;

(3) f 在 X 上是连续的当且仅当 $\forall c \in R, \{x \in X : f(x) \geqslant c\}$ 和 $\{x \in X : f(x) \leqslant c\}$ 都是 X 中的闭集.

证明 只证 (1). 设 f 在 X 上是上半连续的, $\forall x^m \in \{x \in X : f(x) \geqslant c\}$, $x^m \to x^0 \in X$, 则 $x^m \in X$, 且 $f(x^m) \geqslant c$. $\forall\varepsilon > 0$, 因 f 在 x^0 上半连续且 $x^m \to x^0$,

则当 m 充分大时, 有 $c \leqslant f(x^m) < f(x^0) + \varepsilon$. 因 ε 是任意的, 故 $f(x^0) \geqslant c$, $x^0 \in \{x \in X : f(x) \geqslant c\}$, $\{x \in X : f(x) \geqslant c\}$ 必是 X 中的闭集.

反之, $\forall x^0 \in X$, $\forall \varepsilon > 0$, 因 $\{x \in X : f(x) \geqslant f(x^0) + \varepsilon\}$ 是 X 中的闭集, 故 $\{x \in X : f(x) < f(x^0) + \varepsilon\}$ 必是 X 中的开集. 又 $x^0 \in \{x \in X : f(x) < f(x^0) + \varepsilon\}$, 记 $O(x^0) = \{x \in X : f(x) < f(x^0) + \varepsilon\}$, 它是 x^0 在 X 中的开邻域, $\forall x \in O(x^0)$, 有 $f(x) < f(x^0) + \varepsilon$, f 在 x^0 必是上半连续的.

注 1.1.3　可以将引理 1.1.1 叙述为:

(1) f 在 X 上是上半连续的当且仅当 $\forall c \in R$, $\{x \in X : f(x) < c\}$ 是 X 中的开集;

(2) f 在 X 上是下半连续的当且仅当 $\forall c \in R$, $\{x \in X : f(x) > c\}$ 是 X 中的开集;

(3) f 在 X 上是连续的当且仅当 $\forall c \in R$, $\{x \in X : f(x) < c\}$ 和 $\{x \in X : f(x) > c\}$ 都是 X 中的开集.

定理 1.1.1　设 X 是 R^n 中的有界闭集, $f : X \to R$, 那么有

(1) 如果 f 在 X 上是上半连续的, 则 f 在 X 上有上界, 且达到其最大值;

(2) 如果 f 在 X 上是下半连续的, 则 f 在 X 上有下界, 且达到其最小值;

(3) 如果 f 在 X 上是连续的, 则 f 在 X 上既有上界也有下界, 且达到其最大值和最小值.

证明　只证 (1). 用反证法, 如果 f 在 X 上无上界, 则对任意正整数 m, 存在 $x^m \in X$, 使 $f(x^m) > m$. 因 X 是 R^n 中的有界闭集, 由聚点收敛定理, 必有 $\{x^m\}$ 的子序列 $\{x^{m_k}\}$, 使 $x^{m_k} \to x^0 \in X$. 因 f 在 x^0 是上半连续的, 令 $\varepsilon = 1$, 当 m_k 充分大时, 有 $m_k < f(x^{m_k}) < f(x^0) + 1$, 由此得 $f(x^0) = \infty$, 矛盾.

记 $M = \sup\limits_{x \in X} f(x) < \infty$, 则对任何正整数 m, 存在 $x^m \in X$, 使 $M - \dfrac{1}{m} < f(x^m) \leqslant M$. 同上, 存在 $\{x^m\}$ 的子序列 $\{x^{m_k}\}$, 使 $x^{m_k} \to x \in X$. $\forall \varepsilon > 0$, 当 m_k 充分大时, 有 $M - \dfrac{1}{m_k} < f(x^{m_k}) < f(x^0) + \varepsilon$, 故 $M \leqslant f(x^0) + \varepsilon$. 因 ε 是任意的, 有 $M \leqslant f(x^0)$. 又 $f(x^0) \leqslant M$, 最后得 $f(x^0) = M$.

定理 1.1.2　设 X 是 R^n 中的有界闭集, $\{G_1, \cdots, G_m\}$ 是 X 中的 m 个开集, 且

$\bigcup\limits_{i=1}^{m} G_i = X$, 则存在从属于此开覆盖 $\{G_1, \cdots, G_m\}$ 的连续单位分划 $\{\beta_1, \cdots, \beta_m\}$, 即 $\forall i = 1, \cdots, m$, $\beta_i : X \to R$ 满足

(1)β_i 在 X 上是连续的, 且 $\forall x \in X$, 有 $0 \leqslant \beta_i(x) \leqslant 1$;

(2)$\forall x \in X$, 如果 $\beta_i(x) > 0$, 则 $x \in G_i$;

(3)$\forall x \in X$, $\sum\limits_{i=1}^{n} \beta_i(x) = 1$.

证明 $\forall i = 1, \cdots, m$, 定义 $\beta_i : X \to R$ 如下:

$$\forall x \in X, \beta_i(x) = \frac{d(x, X \backslash G_i)}{\sum\limits_{i=1}^{m} d(x, X \backslash G_i)}.$$

首先, 如果 $\sum\limits_{i=1}^{m} d(x, X \backslash G_i) = 0$, 则 $\forall i = 1, \cdots, m$, 有 $d(x, X \backslash G_i) = 0$, 因 G_i 是开集, $X \backslash G_i$ 是闭集, 故 $x \in X \backslash G_i$, 即 $x \in X$, 而 $x \notin G_i$, 这与 $x \in X = \bigcup\limits_{i=1}^{m} G_i$ 矛盾. 由此, $\forall i = 1, \cdots, m$, β_i 在 X 上连续, 且 $\forall x \in X$, 有 $0 \leqslant \beta_i(x) \leqslant 1$, $\sum\limits_{i=1}^{n} \beta_i(x) = 1$.

如果 $\beta_i(x) > 0$, 则 $d(x, X \backslash G_i) > 0$, $x \notin X \backslash G_i$, $x \in G_i$.

$\forall x = (x_1, \cdots, x_n) \in R^n$, 定义 x 的范数(或模)

$$\|x\| = \left(\sum_{i=1}^{n} x_i^2 \right)^{\frac{1}{2}}.$$

显然有

(1) $\|x\| \geqslant 0$, $\|x\| = 0$ 当且仅当 $x = \mathbf{0}$;

(2) $\forall \alpha \in R$, $\|\alpha x\| = |\alpha| \|x\|$;

(3) $\forall y \in R^n$, $\|x + y\| \leqslant \|x\| + \|y\|$.

注意到 $\forall x \in R^n$, $\forall y \in R^n$, 有 $\|x - y\| = d(x, y)$. 这样, $d(x^m, x) \to 0 \, (m \to \infty)$ 当且仅当 $\|x^m - x\| \to 0 \, (m \to \infty)$.

$\forall x = (x_1, \cdots, x_n) \in R^n$, $\forall y = (y_1, \cdots, y_n) \in R^n$, 定义 x 与 y 的内积

$$\langle x, y \rangle = \sum_{i=1}^{n} x_i y_i.$$

显然有

(1) $\langle x, x\rangle \geqslant 0$, $\langle x, x\rangle = 0$ 当且仅当 $x = \mathbf{0}$;

(2) $\langle x, y\rangle = \langle y, x\rangle$;

(3) $\forall \alpha, \beta \in R$, $\forall z \in R^n$, $\langle \alpha x + \beta y, z\rangle = \alpha \langle x, z\rangle + \beta \langle y, z\rangle$.

注意到 $\forall x \in R^n$, 有 $\langle x, x\rangle = \|x\|^2$, 且 $\forall y \in R^n$, 有

$$|\langle x, y\rangle| \leqslant \|x\| \, \|y\| \quad (\text{Cauchy不等式}).$$

引理 1.1.2　$\forall x \in R^n$, $\forall y \in R^n$, 平行四边形公式

$$\|x + y\|^2 + \|x - y\|^2 = 2\left(\|x\|^2 + \|y\|^2\right)$$

成立.

证明

$$\begin{aligned}
\|x + y\|^2 + \|x - y\|^2 &= \langle x + y, x + y\rangle + \langle x - y, x - y\rangle \\
&= \langle x, x\rangle + 2\langle x, y\rangle + \langle y, y\rangle + \langle x, x\rangle - 2\langle x, y\rangle + \langle y, y\rangle \\
&= 2\left(\|x\|^2 + \|y\|^2\right).
\end{aligned}$$

设 X 和 Y 分别是 R^m 和 R^n 中的两个非空子集, R^m 和 R^n 上的距离函数分别记为 d 和 ρ, $f : X \to Y$ 是一个映射, $x^0 \in X$. 如果 $\forall \varepsilon > 0$, 存在 x^0 在 X 中的开邻域 $O(x^0)$, 使 $\forall x \in O(x^0)$, 有

$$\rho\left(f(x), f\left(x^0\right)\right) < \varepsilon,$$

则称映射 f 在 x^0 上连续的. 如果 f 在 X 中的每一点都连续, 则称 f 在 X 上是连续的. 此外, 定义

$$X \times Y = \{(x, y) : x \in X, y \in Y\},$$

$\forall (x, y) \in X \times Y, \forall (x', y') \in X \times Y$, 定义 (x, y) 和 (x', y') 之间的距离

$$l((x, y), (x', y')) = \left[(d(x, x'))^2 + (\rho(y, y'))^2\right]^{\frac{1}{2}}.$$

易知, 如果 X 和 Y 分别是 R^m 和 R^n 中的有界闭集, 则 $X \times Y$ 必是 R^{m+n} 中的有界闭集.

1.2 凸集与凸函数

设 A 和 B 是 R^n 中的两个非空子集, 定义

$$A+B=\{x+y: x\in A, y\in Y\}.$$

对任意 $\lambda\in R$, 定义

$$\lambda A=\{\lambda x: x\in A\}.$$

如果 A 和 B 是 R^n 中的非空有界闭集, 则易知 $A+B$ 必是 R^n 中的有界闭集, 且对任意 $\lambda\in R$, λA 必是 R^n 中的有界闭集.

设 C 是 R^n 中的一个非空子集, 如果 $\forall x_1, x_2\in C$, $\forall\lambda\in(0,1)$, 有 $\lambda x_1+(1-\lambda)x_2\in C$, 则称 C 是 R^n 中的凸集. 显然 C 是凸集当且仅当 $\forall\lambda\in(0,1)$, 有 $\lambda C+(1-\lambda)C=C$. 单点集是凸集, 规定空集 $\varnothing$ 是凸集.

设 A 和 B 是 R^n 中的两个非空凸集, $a,b\in R$, 则易知 $aA+bB$ 必是 R^n 中的凸集. 又易知 R^n 中任意个凸集的交集仍是凸集. 设 A 是 R^n 中的非空点集, R^n 中所有包含 A 的凸集的交集, 也就是包含 A 的最小凸集, 称为 A 的凸包, 记为 $\mathrm{co}(A)$, 它是 R^n 中凸组合 $\sum_{i=1}^m\lambda_i x_i$ 的全体, 其中 $x_i\in A$, $\lambda_i\geqslant 0$, $i=1,\cdots,m$, $\sum_{i=1}^m\lambda_i=1$, $m=1,2,3,\cdots$. 显然, A 是凸集当且仅当 $A=\mathrm{co}(A)$.

引理 1.2.1 设 A 是 R^n 中的一个非空子集, 则 $\forall x\in\mathrm{co}(A)$, x 必可以表示成 A 中至多 $n+1$ 个点的凸组合.

证明 $\forall x\in\mathrm{co}(A)$, 有 $x=\sum_{i=1}^m\lambda_i x_i$, 其中 $\lambda_i>0$, $i=1,\cdots,m$, $\sum_{i=1}^m\lambda_i=1$.

如果 $m>n+1$, 则 R^n 中 $m-1$ 个向量 $(x_2-x_1),\cdots,(x_m-x_1)$ 必是线性相关的, 存在不全为零的 $m-1$ 个实数 $\alpha_2,\cdots,\alpha_m$, 使

$$\sum_{i=2}^m\alpha_i(x_i-x_1)=\mathbf{0}.$$

化简, 并令 $\alpha_1 = -\sum_{i=2}^{m} \alpha_i$, 得

$$\sum_{i=1}^{m} \alpha_i = 0, \quad 且 \sum_{i=1}^{m} \alpha_i x_i = \mathbf{0}.$$

不妨设 $\alpha_m > 0$, 且 $\frac{\lambda_m}{\alpha_m} = \min\left\{\frac{\lambda_k}{\alpha_k} : \alpha_k > 0\right\}$(否则可重新排列编号). $\forall i = 1, \cdots, m$, 令 $\beta_i = \lambda_i - \frac{\lambda_m}{\alpha_m}\alpha_i$, 则 $\beta_i \geqslant 0$, 但 $\beta_m = 0$. 注意到

$$\sum_{i=1}^{m} \beta_i = \sum_{i=1}^{m} \lambda_i - \frac{\lambda_m}{\alpha_m} \sum_{i=1}^{m} \alpha_i = 1.$$

另一方面, 因 $\beta_m = 0$, 故

$$\begin{aligned}\sum_{i=1}^{m-1} \beta_i x_i &= \sum_{i=1}^{m} \beta_i x_i = \sum_{i=1}^{m} \left(\lambda_i - \frac{\lambda_m}{\alpha_m}\alpha_i\right) x_i \\ &= \sum_{i=1}^{m} \lambda_i x_i - \frac{\lambda_m}{\alpha_m} \sum_{i=1}^{m} \alpha_i x_i = \sum_{i=1}^{m} \lambda_i x_i = x.\end{aligned}$$

这表明可以将 x 表示成 A 中 $m-1$ 个点的凸组合. 如果 $m-1 > n+1$, 继续以上过程, 直到可以将 x 表示成 A 中至多 $n+1$ 个点的凸组合.

注 1.2.1 实际上, $\forall x \in \mathrm{co}(A)$, 都可以将 x 表示成 A 中 $n+1$ 个点的凸组合.

定理 1.2.1 设 A 是 R^n 中的有界闭集, 则 $\mathrm{co}(A)$ 必是 R^n 中的有界闭凸集.

证明 $\mathrm{co}(A)$ 必是 R^n 中的凸集, 以下证明它是有界的. 因 A 有界, 则 $\sup_{y \in A} \|y\| = M < \infty$.

$\forall x \in \mathrm{co}(A)$, 由引理 1.2.1 和注 1.2.1, 则 $x = \sum_{i=1}^{n+1} \lambda_i x_i$, 其中 $x_i \in A, \lambda_i \geqslant 0, i = 1, \cdots, n+1, \sum_{i=1}^{n+1} \lambda_i = 1$,

$$\|x\| = \left\|\sum_{i=1}^{n+1} \lambda_i x_i\right\| \leqslant \sum_{i=1}^{n+1} \lambda_i \|x_i\| \leqslant M \sum_{i=1}^{n+1} \lambda_i = M,$$

故 $\mathrm{co}(A)$ 必是有界的.

然后来证明 $\mathrm{co}(A)$ 必是闭集. 对任意 $\mathrm{co}(A)$ 中的序列 $\{x^m\}$, $x^m \to x$, 要证明 $x \in \mathrm{co}(A)$. 由引理 1.2.1 及注 1.2.1, $\forall m = 1, 2, 3, \cdots$, 存在 $x_{mi} \in A$ 和 $\lambda_{mi} \geqslant 0$, $i = 1, \cdots, n+1$, 使 $\sum\limits_{i=1}^{n+1} \lambda_{mi} = 1$, 且 $x^m = \sum\limits_{i=1}^{n+1} \lambda_{mi} x_{mi}$. 记

$$B = \left\{ \lambda = (\lambda_1, \cdots, \lambda_{n+1}) : \lambda_i \geqslant 0, i = 1, \cdots, n+1, \sum_{i=1}^{n+1} \lambda_i = 1 \right\},$$

易知 B 是 R^{n+1} 中的有界闭集.

因 B 和 A 分别是 R^{n+1} 和 R^n 中的有界闭集, 由聚点存在定理, 不妨设 (否则可取子序列)

$$\lambda_{mi} \to \lambda_i \geqslant 0, \quad x_{mi} \to x_i \in A, \quad i = 1, \cdots, n+1.$$

因 $\sum\limits_{i=1}^{n+1} \lambda_{mi} = 1$, $m = 1, 2, 3, \cdots$, 故 $\sum\limits_{i=1}^{n+1} \lambda_i = 1$, $x^m \to \sum\limits_{i=1}^{n+1} \lambda_i x_i = \bar{x} \in \mathrm{co}(A)$. 又 $x^m \to x$, 故 $x = \bar{x} \in \mathrm{co}(A)$, $\mathrm{co}(A)$ 必是闭集.

定理 1.2.2 设 C 是 R^n 中的非空有界闭凸集, 则 $\forall x \in R^n$, 存在唯一的 $x_0 \in C$, 使

$$\|x - x_0\| = \min_{y \in C} \|x - y\|.$$

证明 易知函数 $y \to \|x - y\|$ 在 C 上是连续的, 因 C 是 R^n 中的有界闭集, 由定理 1.1.1(3), 存在 $x_0 \in C$, 使

$$\|x - x_0\| = \min_{y \in C} \|x - y\|.$$

以下证明唯一性. 用反证法, 如果结论不成立, 则存在 $x_0' \in C$, $x_0' \neq x_0$, 而

$$\|x - x_0'\| = \min_{y \in C} \|x - y\|.$$

记 $\min\limits_{y \in C} \|x - y\| = d$, 由平行四边形公式 (引理 1.1.2), 有

$$4 \left\| x - \frac{x_0 + x_0'}{2} \right\|^2 + \|x_0 - x_0'\|^2 = 2 \left(\|x - x_0\|^2 + \|x - x_0'\|^2 \right) = 4d^2.$$

因 C 是凸集, $\frac{x_0+x_0'}{2} \in C$, 故 $4\left\|x-\frac{x_0+x_0'}{2}\right\|^2 \geqslant 4d^2$, 于是 $\|x_0-x_0'\|^2 \leqslant 0$, 这与 $x_0' \neq x_0$ 矛盾.

注 1.2.2　x_0 称为 x 在 C 上的投影, 以上定理也称投影定理.

定理 1.2.3　设 C 是 R^n 中的非空有界闭凸集, $B \supset C$, 则存在连续映射 $r: B \to C$, 使 $\forall x \in C$, 有 $r(x)=x$.

证明　由定理 1.2.2, $\forall x \in B$, 存在唯一的 $r(x) \in C$, 使 $||x-r(x)||=\min\limits_{z\in C}||x-z||$, 且易知 $\forall x \in C$, 有 $r(x)=x$. 以下来证明映射 r 必是连续的.

$\forall x, y \in B, \forall \theta \in (0,1)$, 因 C 是凸集, $\theta r(y)+(1-\theta)r(x) \in C$, 故

$$\begin{aligned}
&\|x-(\theta r(y)+(1-\theta)r(x))\|^2 \\
=&\|x-r(x)\|^2-2\theta\langle x-r(x), r(y)-r(x)\rangle+\theta^2\|r(y)-r(x)\|^2 \\
\geqslant&\|x-r(x)\|^2.
\end{aligned}$$

化简, 因 $\theta>0$, 有

$$-2\langle x-r(x), r(y)-r(x)\rangle+\theta\|r(y)-r(x)\|^2 \geqslant 0.$$

令 $\theta \to 0$, 有

$$\langle x-r(x), r(y)-r(x)\rangle \leqslant 0.$$

交换 x 和 y, 有

$$\langle y-r(y), r(x)-r(y)\rangle \leqslant 0.$$

于是

$$\begin{aligned}
\|x-y\|^2 &= \|[(x-r(x))-(y-r(y))]+(r(x)-r(y))\|^2 \\
&= \|(x-r(x))-(y-r(y))\|^2+2\langle x-r(x), r(x)-r(y)\rangle \\
&\quad -2\langle y-r(y), r(x)-r(y)\rangle+\|r(x)-r(y)\|^2 \\
&\geqslant \|r(x)-r(y)\|^2,
\end{aligned}$$

最后得

$$\|r(x)-r(y)\| \leqslant \|x-y\|,$$

映射 $r: B \to C$ 必是连续的.

定理 1.2.4 设 C 是 R^n 中的非空有界闭凸集, $x \notin C$, 则存在 $p \in R^n$, 使 $\langle p, x\rangle > \max\limits_{y\in C}\langle p, y\rangle$.

证明 因 C 是 R^n 中的非空有界闭凸集, 由定理 1.2.2, 存在 $x_0 \in C$, 使

$$\|x - x_0\| = \min_{y\in C}\|x - y\|.$$

记 $p = x - x_0 \in R^n$, 因 $x \notin C$, 故 $p \neq \mathbf{0}$, $\|p\| > 0$.

$\forall y \in C, \forall \theta \in (0,1)$, 因 C 是凸集, 故 $\theta y + (1-\theta)x_0 \in C$,

$$\begin{aligned}\|x - (\theta y + (1-\theta)x_0)\|^2 &= \|x - x_0\|^2 - 2\theta\langle x - x_0, y - x_0\rangle + \theta^2\|y - x_0\|^2 \\ &\geqslant \|x - x_0\|^2.\end{aligned}$$

化简, 因 $\theta > 0$, 有

$$-2\langle x - x_0, y - x_0\rangle + \theta\|y - x_0\|^2 \geqslant 0,$$

令 $\theta \to 0$, 有

$$\langle x - x_0, y - x_0\rangle \leqslant 0.$$

注意到 $p = x - x_0$, 故 $\forall y \in C$, 有

$$\langle p, x_0\rangle \geqslant \langle p, y\rangle, \quad \langle p, x_0\rangle \geqslant \max_{y\in C}\langle p, y\rangle.$$

又

$$\langle p, x\rangle - \langle p, x_0\rangle = \langle p, x - x_0\rangle = \|p\|^2 > 0,$$

最后得

$$\langle p, x\rangle > \langle p, x_0\rangle \geqslant \max_{y\in C}\langle p, y\rangle.$$

注 1.2.3 定理 1.2.4 是凸集分离定理的一个特例, 但是它对之后几讲中的应用是已经足够了. 此外, 如果令 $q = -p$, 定理 1.2.4 也可以叙述为: 存在 $q \in R^n$, 使

$$\langle q, x\rangle < \min_{y\in C}\langle q, y\rangle.$$

设 C 是 R^n 中的一个非空凸集, 函数 $f: C \to R$, 如果 $\forall x_1, x_2 \in C, \forall \lambda \in (0,1)$, 有

$$f(\lambda x_1 + (1-\lambda)x_2) \leqslant \lambda f(x_1) + (1-\lambda)f(x_2),$$

则称 f 是 C 上的凸函数.

如果 $-f$ 是 C 上的凸函数, 则称 f 是 C 上的凹函数, 此时 $\forall x_1, x_2 \in C$, $\forall \lambda \in (0,1)$, 有

$$f(\lambda x_1 + (1-\lambda) x_2) \geqslant \lambda f(x_1) + (1-\lambda) f(x_2).$$

如果 f 是 C 上的凸函数, 则易证 $\forall x_i \in C$, $\forall \lambda_i \geqslant 0$, $i = 1, \cdots, m$, $\sum_{i=1}^{m} \lambda_i = 1$, 有

$$f\left(\sum_{i=1}^{m} \lambda_i x_i\right) \leqslant \sum_{i=1}^{m} \lambda_i f(x_i).$$

如果 f 是 C 上的凹函数, 则易证 $\forall x_i \in C$, $\forall \lambda_i \geqslant 0$, $i = 1, \cdots, m$, $\sum_{i=1}^{m} \lambda_i = 1$, 有

$$f\left(\sum_{i=1}^{m} \lambda_i x_i\right) \geqslant \sum_{i=1}^{m} \lambda_i f(x_i).$$

如果 $\forall x_1, x_2 \in C$, $\forall \lambda \in (0,1)$, 有

$$f(\lambda x_1 + (1-\lambda) x_2) \leqslant \max\{f(x_1), f(x_2)\},$$

则称 f 是 C 上的拟凸函数.

如果 $-f$ 是 C 上的拟凸函数, 则称 f 是 C 上的拟凹函数, 此时 $\forall x_1, x_2 \in C$, $\forall \lambda \in (0,1)$, 有

$$f(\lambda x_1 + (1-\lambda) x_2) \geqslant \min\{f(x_1), f(x_2)\}.$$

如果 f 是 C 上的拟凸函数, 则易证 $\forall x_i \in C$, $\forall \lambda_i \geqslant 0$, $i = 1, \cdots, m$, $\sum_{i=1}^{m} \lambda_i = 1$, 有

$$f\left(\sum_{i=1}^{m} \lambda_i x_i\right) \leqslant \max\{f(x_1), \cdots, f(x_m)\}.$$

如果 f 是 C 上的拟凹函数, 则易证 $\forall x_i \in C$, $\forall \lambda_i \geqslant 0$, $i = 1, \cdots, m$, $\sum_{i=1}^{m} \lambda_i = 1$, 有

$$f\left(\sum_{i=1}^{m} \lambda_i x_i\right) \geqslant \min\{f(x_1), \cdots, f(x_m)\}.$$

显然, 如果 f 是 C 上的凸函数 (或凹函数), 则 f 必是 C 上的拟凸函数 (或拟凹函数), 但反之不然.

定理 1.2.5 设 C 是 R^n 中的一个非空凸集, 函数 $f: C \to R$, 则

(1) f 是 C 上的拟凸函数当且仅当 $\forall r \in R$, $\{x \in C : f(x) \leqslant r\}$ 是凸集;

(2) f 是 C 上的拟凹函数当且仅当 $\forall r \in R$, $\{x \in C : f(x) \geqslant r\}$ 是凸集.

证明 只证 (1). 必要性. $\forall r \in R$, 对 $\{x \in C : f(x) \leqslant r\}$ 中任意两点 x_1, x_2, 则 $x_1, x_2 \in C$, 且 $f(x_1) \leqslant r$, $f(x_2) \leqslant r$. $\forall \lambda \in (0,1)$, 因 C 是凸集, $\lambda x_1 + (1-\lambda) x_2 \in C$, 且因 f 是 C 上的拟凸函数, 有

$$f(\lambda x_1 + (1-\lambda) x_2) \leqslant \max\{f(x_1), f(x_2)\} \leqslant r,$$

故 $\lambda x_1 + (1-\lambda) x_2 \in \{x \in C : f(x) \leqslant r\}$, $\{x \in C : f(x) \leqslant r\}$ 必是凸集.

充分性. $\forall x_1, x_2 \in C, \forall \lambda \in (0,1)$, 令 $r = \max\{f(x_1), f(x_2)\}$, 则

$$x_1 \in \{x \in C : f(x) \leqslant r\}, x_2 \in \{x \in C : f(x) \leqslant r\}.$$

因 $\{x \in C : f(x) \leqslant r\}$ 是凸集, 故 $\lambda x_1 + (1-\lambda) x_2 \in \{x \in C : f(x) \leqslant r\}$, 即

$$f(\lambda x_1 + (1-\lambda) x_2) \leqslant r = \max\{f(x_1), f(x_2)\},$$

f 必是 C 上的拟凸函数.

注 1.2.4 从 (1) 的证明看, 如果 f 是 C 上的拟凸函数, 则 $\forall r \in R$,$\{x \in C : f(x) < r\}$ 必是凸集; 如果 f 是 C 上的拟凹函数, $\forall r \in R$, $\{x \in C : f(x) > r\}$ 也必是凸集.

1.3 集值映射的连续性

设 X 和 Y 分别是 R^m 和 R^n 中的非空子集, $F: X \to P_0(Y)$ 是从 X 到 Y 的集值映射, 即 $\forall x \in X$, $F(x)$ 是 Y 的非空子集. $x \in X$, 如果对 Y 中的任意开集 G, $G \supset F(x)$, 存在 x 在 X 中的开邻域 $O(x)$, 使 $\forall x' \in O(x)$, 有 $G \supset F(x')$, 则称集值映射 F 在 x 是上半连续的. 如果对 Y 中的任意开集 G, $G \bigcap F(x) \neq \varnothing$, 存在 x 在 X 中的开邻域 $O(x)$, 使 $\forall x' \in O(x)$, 有 $G \bigcap F(x') \neq \varnothing$, 则称集值映射 F 在 x

是下半连续的. 如果集值映射 F 在 x 既上半连续又下半连续, 则称 F 在 x 是连续的. 如果 $\forall x \in X$, 集值映射 F 在 x 连续 (或上半连续, 或下半连续), 则称 F 在 X 上是连续的 (或上半连续的, 或下半连续的). 在之后的应用中, 我们往往会设 X(或 Y) 是 R^m(或 R^n) 中的非空闭集, 因为此时 X(或 Y) 中的子集 A(或 B) 是 X(或 Y) 中的闭集当且仅当其是 R^m(或 R^n) 中的闭集.

如果映射 $f: X \to Y$ 连续, 则将其视为集值映射, 易知它在 X 上必是连续的, 当然在 X 上必是上半连续和下半连续的.

如果 $\forall x \in X$, $F(x) = B$, 其中 B 是 Y 中的一个非空子集, 则易知集值映射 F 在 X 上必是连续的.

集值映射上半连续和下半连续是两个不同的概念, 例如 $X = Y = [0,1]$,

$$F_1(x) = \begin{cases} 0, & x \neq 0, \\ [0,1], & x = 0. \end{cases}$$

集值映射 F_1 在 0 点是上半连续的, 但不是下半连续的.

$$F_2(x) = \begin{cases} [0,1], & x \neq 0, \\ 0, & x = 0. \end{cases}$$

集值映射 F_2 在 0 点是下半连续的, 但不是上半连续的.

设 $F: X \to P_0(Y)$ 是一个集值映射, F 的图定义为

$$\operatorname{graph}(F) = \{(x,y) \in X \times Y : y \in F(x)\}.$$

如果 $\operatorname{graph}(F)$ 是 $X \times Y$ 中的闭集, 则称集值映射 F 是闭的.

引理 1.3.1　设集值映射 $F: X \to P_0(Y)$ 是闭的, $x \in X$, 则

(1)$\forall x_k \to x$, $\forall y_k \in F(x_k)$, $y_k \to y$, 则必有 $y \in F(x)$;

(2)$\forall x \in X$, $F(x)$ 必是闭集.

证明　(1) 因 $(x_k, y_k) \in \operatorname{graph}(F)$, $(x_k, y_k) \to (x, y)$, 又 $\operatorname{graph}(F)$ 是 $X \times Y$ 中的闭集, 故必有 $(x,y) \in \operatorname{graph}(F)$, 即 $y \in F(x)$.

(2) $\forall y_k \in F(x), y_k \to y$, 要证明 $y \in F(x)$. $\forall k = 1,2,3,\cdots$, 令 $x_k = x$, 则 $x_k \to x, y_k \in F(x) = F(x_k), y_k \to y$, 由(1), 必有 $y \in F(x)$.

引理 1.3.2 如果集值映射 F 在 X 上是上半连续的, 且 $\forall x \in X$, $F(x)$ 是闭集, 则集值映射 F 必是闭的.

证明 用反证法. 如果结论不成立, 则存在 $(x_k, y_k) \in \mathrm{graph}(F)$, $(x_k, y_k) \to (x, y)$, 而 $(x, y) \notin \mathrm{graph}(F)$, 即 $y \notin F(x)$. 因 $F(x)$ 是闭集, Y 中的距离 $\rho(y, F(x)) = r > 0$. 令 $U = \left\{y' \in Y : \rho(y', y) < \dfrac{r}{2}\right\}$, $V = \left\{y' \in Y : \rho(y', F(x)) < \dfrac{r}{2}\right\}$, 则易知 U 和 V 都是 Y 中的开集, 且 $U \bigcap V = \varnothing$. 因 $y_k \to y$, $x_k \to x$, 且集值映射 F 在 x 是上半连续的, 则存在正整数 K, 使 $\forall k \geqslant K$, 有 $y_k \in U$ 及 $F(x_k) \subset V$, 这与 $y_k \in F(x_k)$ 且 $U \bigcap V = \varnothing$ 矛盾.

定理 1.3.1 设 Y 是 R^n 中的有界闭集, 集值映射 $F : X \to P_0(Y)$ 是闭的, 则 F 在 X 上必是上半连续的.

证明 用反证法. 设集值映射 F 在 $x \in X$ 不是上半连续的, 则存在 Y 中的开集 G, $G \supset F(x)$, 存在 $x_k \to x$, $y_k \in F(x_k)$, 而 $y_k \notin G$. 因 $y_k \in Y - G$, Y 是 R^n 中的有界闭集, 故 $Y - G$ 必是 R^n 中的有界闭集, 由聚点存在定理, 存在 $\{y_k\}$ 的子序列, 不妨设即为 $\{y_k\}$, 使 $y_k \to y \in Y - G$. 因集值映射 F 是闭的, 由引理 1.3.1(1), 必有 $y \in F(x) \subset G$, 这与 G 是 Y 中的开集, $y_k \to y \in G$, 而 $y_k \notin G$ 矛盾.

为了进一步刻画集值映射连续性的特征, 需要以下 Hausdorff 距离的概念.

设 A 是 R^n 中的非空点集, $\varepsilon > 0$, 记

$$U(\varepsilon, A) = \left\{x \in R^n : \exists a \in A, \text{使}\, (x, a) < \varepsilon\right\}.$$

引理 1.3.3 $U(\varepsilon, A)$ 必是 R^n 中的开集.

证明 $\forall a \in A$, 记 $O(a, \varepsilon) = \{x \in R^n : d(x, a) < \varepsilon\}$, 它是 R^n 中的开集. 因 $U(\varepsilon, A) = \bigcup\limits_{a \in A} O(a, \varepsilon)$, 任意个开集的并集必是开集.

设 A, B 是 R^n 中的任意两个非空有界闭集, 定义

$$h(A, B) = \inf\{\varepsilon > 0 : A \subset U(\varepsilon, B), B \subset U(\varepsilon, A)\}$$

为 A 与 B 之间的 Hausdorff 距离.

定理 1.3.2 (1) 对 R^n 中任意两个非空有界闭集 A 和 B, 有 $h(A, B) \geqslant 0$, 且 $h(A, B) = 0$ 当且仅当 $A = B$;

(2) 对 R^n 中任意两个非空有界闭集 A 和 B, 有 $h(A,B)=h(B,A)$;

(3) 对 R^n 中任意三个非空有界闭集 A, B 和 C, 有 $h(A,B)\leqslant h(A,C)+h(C,B)$.

证明　(1) $h(A,B)\geqslant 0$ 显然.

如果 $h(A,B)=0$, 则 $\forall\varepsilon>0$, 有 $A\subset U(\varepsilon,B)$ 和 $B\subset U(\varepsilon,A)$, 此时必有 $A\subset\bar{B}$ 且 $B\subset\bar{A}$. 因 A 和 B 都是闭集, 必有 $A=B$.

反之, 如果 $A=B$, 则 $\forall\varepsilon>0$, 有 $A\subset U(\varepsilon,B)$, $B\subset U(\varepsilon,A)$, 从而有 $h(A,B)\leqslant\varepsilon$. 因 ε 是任意的, 必有 $h(A,B)=0$.

(2) 显然.

(3) $\forall\delta>0$, 由 Hausdorff 距离的定义, 有

$$A\subset U\left(h(A,C)+\frac{\delta}{2},C\right),\quad C\subset U\left(h(A,C)+\frac{\delta}{2},A\right),$$
$$C\subset U\left(h(C,B)+\frac{\delta}{2},B\right),\quad B\subset U\left(h(C,B)+\frac{\delta}{2},C\right).$$

于是

$$A\subset U(h(A,C)+h(C,B)+\delta,B),$$
$$B\subset U(h(A,C)+h(C,B)+\delta,A).$$

再由 Hausdorff 距离的定义, 有

$$h(A,B)\leqslant h(A,C)+h(C,B)+\delta.$$

因 δ 是任意的, 有

$$h(A,B)\leqslant h(A,C)+h(C,B).$$

引理 1.3.4　设 F 是 R^n 中的一个非空有界闭集, G 是 R^n 中的一个开集, 且 $G\supset F$, 则存在 $\delta>0$, 使 $G\supset U(\delta,F)$.

证明　$\forall x\in F$, 则 $x\in G$, 因 G 是开集, 存在依赖于 x 的实数 $\delta(x)>0$, 使 $O(x,\delta(x))\subset G$. 因 $\bigcup\limits_{x\in F}O\left(x,\dfrac{\delta(x)}{2}\right)\supset F$, 而 F 是 R^n 中的有界闭集, 由有限开覆

盖定理, 存在 $x_1, \cdots, x_m \in F$, 使 $\bigcup\limits_{i=1}^{m} O\left(x_i, \dfrac{\delta(x_i)}{2}\right) \supset F$. 令 $\delta = \min\limits_{1 \leqslant i \leqslant m} \dfrac{\delta(x_i)}{2} > 0$, 以下来证明 $G \supset U(\delta, F)$.

$\forall x \in U(\delta, F)$, 则存在 $x' \in F$, 使 $x \in O(x', \delta)$. 因 $F \subset \bigcup\limits_{i=1}^{m} O\left(x_i, \dfrac{\delta(x_i)}{2}\right)$, 存在某 i, 使 $x' \in O\left(x_i, \dfrac{\delta(x_i)}{2}\right)$. 于是,

$$x \in O\left(x_i, \frac{\delta(x_i)}{2} + \delta\right) \subset O(x_i, \delta(x_i)) \subset G,$$

即 $G \supset U(\delta, F)$.

定理 1.3.3 设 $F: X \to P_0(R^n)$ 是从 X 到 R^n 的集值映射, $\forall x \in X$, $F(x)$ 是 R^n 中的非空有界闭集, 则

(1) F 在 x 是上半连续的, 当且仅当 $\forall \varepsilon > 0$, 存在 x 在 X 中的开邻域 $O(x)$, 使 $\forall x' \in O(x)$, 有 $F(x') \subset U(\varepsilon, F(x))$;

(2) F 在 x 是下半连续的, 当且仅当 $\forall \varepsilon > 0$, 存在 x 在 X 中的开邻域 $O(x)$, 使 $\forall x' \in O(x)$, 有 $F(x) \subset U(\varepsilon, F(x'))$;

(3) F 在 x 是连续的, 当且仅当 $\forall \varepsilon > 0$, 存在 x 在 X 中的开邻域 $O(x)$, 使 $\forall x' \in O(x)$, 有 $h(F(x'), F(x)) < \varepsilon$, 其中 h 是 R^n 中的 Hausdorff 距离.

证明 (1) 设 F 在 $x \in X$ 是上半连续的, $\forall \varepsilon > 0$, 由引理 1.3.3, $U(\varepsilon, F(x))$ 是 R^n 中的开集, 且 $U(\varepsilon, F(x)) \supset F(x)$, 故存在 x 在 X 中的开邻域 $O(x)$, 使 $\forall x' \in O(x)$, 有 $F(x') \subset U(\varepsilon, F(x))$.

反之, 对 R^n 中的任意开集 G, $G \supset F(x)$, 由引理 1.3.4, 存在 $\varepsilon > 0$, 使 $G \supset U(\varepsilon, F(x))$. 对此 $\varepsilon > 0$, 存在 x 在 X 中的开邻域 $O(x)$, 使 $\forall x' \in O(x)$, 有 $F(x') \subset U(\varepsilon, F(x)) \subset G$, F 在 $x \in X$ 必是上半连续的.

(2) 设 F 在 $x \in X$ 是下半连续的, $\forall \varepsilon > 0$, $\forall y \in F(x)$, 因 $O\left(y, \dfrac{\varepsilon}{2}\right) \bigcap F(x) \neq \varnothing$, 存在 x 在 X 中的开邻域 $O_y(x)$(表示依赖于 y), 使 $\forall x' \in O_y(x)$, 有 $O\left(y, \dfrac{\varepsilon}{2}\right) \bigcap F(x') \neq \varnothing$. 因 $\bigcup\limits_{y \in F(x)} O\left(y, \dfrac{\varepsilon}{2}\right) \supset F(x)$, 而 $F(x)$ 是 R^n 中的有界闭集, 由有限开覆盖定理, 存在 $y_1, \cdots, y_k \in F(x)$, 使 $\bigcup\limits_{i=1}^{k} O\left(y_i, \dfrac{\varepsilon}{2}\right) \supset F(x)$. 令 $O(x) = \bigcap\limits_{i=1}^{k} O_{y_i}(x)$, 这是 x 在

X 中的开邻域, $\forall x' \in O(x)$, $\forall y \in F(x)$, 存在某 i, 使 $y \in O\left(y_i, \frac{\varepsilon}{2}\right)$, 因 $x' \in O_{y_i}(x)$, $O\left(y_i, \frac{\varepsilon}{2}\right) \bigcap F(x') \neq \varnothing$, 得 $y \in U(\varepsilon, F(x'))$, 故 $F(x) \subset U(\varepsilon, F(x'))$.

反之, 对 R^n 中的任意开集 G, $G \bigcap F(x) \neq \varnothing$, 取 $y \in G \bigcap F(x)$, 因 G 是开集, 存在 $\varepsilon > 0$, 使 $O(y, \varepsilon) \subset G$. 对此 $\varepsilon > 0$, 存在 x 在 X 中的开邻域 $O(x)$, 使 $\forall x' \in O(x)$, 有 $F(x) \subset U(\varepsilon, F(x'))$. 于是 $O(y, \varepsilon) \bigcap F(x') \neq \varnothing$, 从而 $G \bigcap F(x') \neq \varnothing$, F 在 $x \in X$ 必是下半连续的.

注 1.3.1 从定理 1.3.3 看, 可以形象地说 [18], 如果当 x' 充分接近 x 时, $F(x')$ 相对于 $F(x)$ 不能突然变得很大 (或很小), 则称集值映射 F 在 x 是上半连续的 (或下半连续的); 如果当 x' 充分接近 x 时, $F(x')$ 相对于 $F(x)$ 既不能突然变得很大, 也不能突然变得很小, 则称集值映射 F 在 x 是连续的.

注意到集值映射的上半连续和下半连续是两个不同的概念, 不能从其中一个成立推出另一个成立, 但是有以下著名的 Fort 定理 [19], 其证明可见文献 [11].

为介绍 Fort 定理, 需要稠密集和剩余集的概念. 设 X 是 R^n 中的非空闭集, 而 A 是 X 中的非空子集, 如果 $\bar{A} = X$, 则称 A 在 X 中是稠密的. 设 Q 是 X 中的非空子集, 如果 Q 包含一列在 X 中稠密开集的交集, 则称 Q 是 X 中的一个剩余集 (residual set).

定理 1.3.4(Fort) 设 X 和 Y 分别是 R^m 和 R^n 中的非空闭集, 集值映射 $F: X \to P_0(Y)$ 在 X 上是上半连续的, 且 $\forall x \in X$, $F(x)$ 是 R^n 中的非空有界闭集, 则存在 X 中的一个稠密剩余集 Q, 使 $\forall x \in Q$, 集值映射 F 在 x 下半连续, 从而是连续的.

注 1.3.2 设 Q 是 X 中的稠密剩余集, 如果 $\forall x \in Q$, 依赖于 x 的性质 P 成立, 则称 P 是 X 上的通有性质 (generic property), 或者性质 P 在 X 上是通有成立的. "通有" 被认为是在一定意义上的大多数, 当然它与测度论意义上的几乎处处是两个不同的概念, 不能从其中一个成立推出另外一个成立, 见文献 [11].

引理 1.3.5 设 X 是 R^m 中的非空闭集, F_1 和 F_2 是两个从 X 到 R^n 的上半连续的集值映射, 且 $\forall x \in X$, $F_1(x)$ 和 $F_2(x)$ 都是 R^n 中的非空有界闭集, 则 $\forall x \in X$, 由

$$F(x) = F_1(x) + F_2(x)$$

定义的集值映射 $F: X \to P_0(R^n)$ 在 X 上必是上半连续的.

证明 $\forall x\in X$, 因 $F_1(x)$ 和 $F_2(x)$ 都是 R^n 中的有界闭集, 则易知 $F(x)$ 必是 R^n 中的有界闭集. 对 R^n 中的任意开集 G, $G\supset F(x)$, 由引理 1.3.4, 存在 $\delta>0$, 使 $G\supset U(\delta,F(x))$. 令 $G_1=U\left(\frac{\delta}{2},F_1(x)\right)$, $G_2=U\left(\frac{\delta}{2},F_2(x)\right)$, 由引理 1.3.3, G_1 和 G_2 都是开集, 且易知 $G\supset G_1+G_2$. 因 $G_1\supset F_1(x)$, $G_2\supset F_2(x)$, 集值映射 F_1 和 F_2 在 x 都是上半连续的, 存在 x 的开邻域 $O(x)$, 使 $\forall x'\in O(x)$, 有 $G_1\supset F_1(x')$, $G_2\supset F_2(x')$, 故 $G\supset G_1+G_2\supset F_1(x')+F_2(x')=F(x')$, 集值映射 F 在 x 必是上半连续的.

引理 1.3.6 设 X_1 和 X_2 分别是 R^{m_1} 和 R^{m_2} 中的两个非空闭集, $F_1:X_1\to P_0(R^{n_1})$ 和 $F_2:X_2\to P_0(R^{n_2})$ 是两个上半连续的集值映射, 且 $\forall x_1\in X_1$, $F_1(x_1)$ 是 R^{n_1} 中的非空有界闭集, $\forall x_2\in X_2$, $F_2(x_2)$ 是 R^{n_2} 中的非空有界闭集. 记 $X=X_2\times X_2$, 则 $\forall x=(x_1,x_2)\in X$, 由

$$F(x)=F_1(x_1)\times F_2(x_2)$$

定义的集值映射 $F:X\to P_0(R^{n_1+n_2})$ 在 X 上必是上半连续的.

证明 $\forall x=(x_1,x_2)\in X$, 因 $F_1(x_1)$ 和 $F_2(x_2)$ 分别是 R^{n_1} 和 R^{n_2} 中的有界闭集, 则 $F(x)=F_1(x_1)\times F_2(x_2)$ 必是 $R^{n_1+n_2}$ 中的有界闭集. 对 $R^{n_1+n_2}$ 中的任意开集 G, $G\supset F(x)$, 由引理 1.3.4, 存在 $\delta>0$, 使 $G\supset U(\delta,F(x))$. 令 $G_1=U\left(\frac{\delta}{2},F_1(x_1)\right)$, $G_2=U\left(\frac{\delta}{2},F_2(x_2)\right)$, 以下来证明

$$U(\delta,F(x))\supset G_1\times G_2.$$

$\forall (y_1,y_2)\in G_1\times G_2$, 则存在 $y_1'\in F_1(x_1)$, $y_2'\in F_2(x_2)$, 使 $d_1(y_1',y_1)<\frac{\delta}{2}$, $d_2(y_2',y_2)<\frac{\delta}{2}$. 因 $(y_1',y_2')\in F_1(x_1)\times F_2(x_2)=F(x)$, 而

$$d((y_1',y_2'),(y_1,y_2))<\left[\left(\frac{\delta}{2}\right)^2+\left(\frac{\delta}{2}\right)^2\right]^{\frac{1}{2}}=\frac{\delta}{\sqrt{2}}<\delta,$$

有 $(y_1,y_2)\in U(\delta,F(x))$, 故 $U(\delta,F(x))\supset G_1\times G_2$.

由引理 1.3.3, G_1 和 G_2 都是开集, 因 $G_1\supset F_1(x_1)$, $G_2\supset F_2(x_2)$, 集值映射 F_1 和 F_2 分别在 x_1 和 x_2 是上半连续的, 存在 x_1 在 X_1 的开邻域 $O_1(x_1)$ 和 x_2 在 X_2 的开邻域 $O_2(x_2)$, 使 $\forall x_1'\in O_1(x_1)$, $\forall x_2'\in O_2(x_2)$, 有 $G_1\supset F_1(x_1')$, $G_2\supset F_2(x_2')$. 令 $O(x)=O_1(x_1)\times O_2(x_2)$, 这是 $x=(x_1,x_2)$ 在 $X=X_1\times X_2$ 中的开邻域, $\forall x'=(x_1',x_2')\in O(x)$, 有

$$F(x')=F_1(x_1')\times F_2(x_2')\subset G_1\times G_2\subset U(\delta,F(x))\subset G,$$

集值映射 F 在 x 必是上半连续的.

引理 1.3.7　设 X 是 R^m 中的有界闭集, Y 是 R^n 中的闭集, 集值映射 $F: X \to P_0(Y)$ 在 X 上是上半连续的, 且 $\forall x \in X$, $F(x)$ 是 R^n 中的有界闭集, 则

$$F(X) = \{y \in Y : 存在\ x \in X,\ 使\ y \in F(x)\}$$

必是 R^n 中的有界闭集.

证明　首先证明 $F(X)$ 是闭集: $\forall y_k \in F(X)$, $y_k \to y$, 要证明 $y \in F(X)$. 因 $y_k \in F(X)$, 存在 $x_k \in X$, 使 $y_k \in F(x_k)$. 因 X 是有界闭集, 不妨设 $x_k \to x \in X$, 因集值映射 F 在 X 上是上半连续的, 且 $\forall x \in X$, $F(x)$ 是闭集, 由引理 1.3.2, 集值映射 F 必是闭的, 故 $y \in F(x) \subset F(X)$.

再来证明 $F(X)$ 是有界的. 用反证法, 如果结论不成立, 则存在 $F(X)$ 中的序列 $\{y_k\}$, 使 $\|y_k\| \geqslant k$, $k = 1, 2, 3, \cdots$. 因 $y_k \in F(X)$, 存在 $x_k \in X$, 使 $y_k \in F(x_k)$. 同上, 不妨设 $x_k \to x \in X$. 因 $U = \{y \in Y : \rho(y, F(x)) < 1\}$ 是 Y 中的有界开集, $U \supset F(x)$, 且集值映射 F 在 x 是上半连续的, 存在正整数 K, 使 $\forall k \geqslant K$, 有 $F(x_k) \subset U$, 从而有 $y_k \in U$, 这与 U 是有界集矛盾.

以下给出集值映射上半连续和下半连续的两个重要定理.

定理 1.3.5　如果集值映射 F 在 X 上是上半连续的, 且 $\forall x \in X$, $F(x)$ 是 R^n 中的有界闭集, 则 $\forall x_k \to x$, $\forall y_k \in F(x_k)$, $\{y_k\}$ 必有子序列 $\{y_{n_k}\}$, 使 $y_{n_k} \to y \in F(x)$.

证明　$\forall p \geqslant 1$, $U_p = \left\{y \in R^n : \rho(y, F(x)) < \dfrac{1}{p}\right\}$ 是 R^n 中的开集, 且 $U_p \supset F(x)$. 因集值映射 F 在 x 是上半连续的, 存在正整数 $N(p)$, 使 $\forall k \geqslant N(p)$, 有 $F(x_k) \subset U_p$. 由 $y_k \in F(x_k)$, $F(x)$ 是有界的, 故 U_p 是有界的, 序列 $\{y_k\}$ 必是有界的. 由聚点存在定理, 存在 $\{y_k\}$ 的子序列 $\{y_{n_k}\}$, 使 $y_{n_k} \to y$. 对任何 $p \geqslant 1$, 当 $n_k \geqslant N(p)$ 时, 有 $\rho(y_{n_k}, F(x)) < \dfrac{1}{p}$, 令 $n_k \to \infty$, 得 $\rho(y, F(x)) \leqslant \dfrac{1}{p}$, 因 p 是任意的, 故有 $\rho(y, F(x)) = 0$. 因 $F(x)$ 是闭集, 故得 $y \in F(x)$.

定理 1.3.6　如果集值映射 F 在 X 上是下半连续的, 则 $\forall x_k \to x$, $\forall y \in F(x)$, 必存在 $y_k \in F(x_k)$, 使 $y_{n_k} \to y$.

证明　$\forall p \geqslant 1$, $\forall y \in F(x)$, $O\left(y, \dfrac{1}{p}\right) \bigcap F(x) \neq \varnothing$, 因集值映射 F 在 x 是下半连续的, 存在正整数 $N(p)$, 使 $\forall k \geqslant N(p)$, 有 $O\left(y, \dfrac{1}{p}\right) \bigcap F(x_k) \neq \varnothing$. 不妨设 $N(1) < N(2) < N(3) < \cdots$.

当 $k < N(1)$, 任选 $y_k \in F(x_k)$, 当 $N(1) \leqslant k < N(2)$, 任选 $y_k \in F(x_k)$, 使 $y_k \in O(y,1)$, 当 $N(2) \leqslant k < N(3)$, 任选 $y_k \in F(x_k)$, 使 $y_k \in O\left(y,\dfrac{1}{2}\right)$, 如此继续, 则 $y_k \in F(x_k)$, 且 $y_k \to y$.

定理 1.3.7 设 X 和 Y 分别是 R^m 和 R^n 中的两个非空闭集, $f: X\times Y \to R$ 是一个函数, $G: Y \to P_0(X)$ 是一个集值映射, 则

(1) 如果 $f: X\times Y\to R$ 下半连续, 集值映射 $G: Y\to P_0(X)$ 在 Y 上是下半连续的, 则函数

$$V(y) = \sup_{x\in G(y)} f(x,y)$$

在 Y 上是下半连续的.

(2) 如果 $f: X\times Y\to R$ 上半连续, 集值映射 $G: Y\to P_0(X)$ 在 Y 上是上半连续的, 且 $\forall y\in Y$, $G(y)$ 是 R^m 中的有界闭集, 则函数 $V(y)$ 在 Y 上是上半连续的.

(3)(极大值定理) 如果 $f: X\times Y\to R$ 连续, 集值映射 $G: Y\to P_0(X)$ 在 Y 上是连续的, 且 $\forall y\in Y$, $G(y)$ 是 R^m 中的有界闭集, 则函数 $V(y)$ 在 Y 上是连续的, 且 $\forall y\in Y$, 由

$$M(y) = \{x\in G(y) : f(x,y) = V(y)\}$$

定义的集值映射 $M: Y\to P_0(X)$ 在 Y 上是上半连续的.

证明 (1) $\forall \varepsilon>0$, $\forall y\in Y$, 存在 $x\in G(y)$, 使 $f(x,y) > V(y) - \dfrac{\varepsilon}{2}$. $\forall y_k\to y$, 由定理 1.3.6, 存在 $x_k\in G(y_k)$, 使 $x_k\to x$. 因 f 在 (x,y) 是下半连续的, 存在正整数 K_1, 使 $\forall k\geqslant K_1$, 有

$$f(x_k,y_k) > f(x,y) - \frac{\varepsilon}{2}.$$

这样, $\forall k\geqslant K_1$,

$$V(y_k) \geqslant f(x_k,y_k) > f(x,y) - \frac{\varepsilon}{2} > V(y) - \varepsilon,$$

函数 V 在 y 是下半连续的.

(2) $\forall y_k\to y$, $\forall\varepsilon>0$, 存在 $x_k\in G(y_k)$, 使 $f(x_k,y_k) > V(y_k) - \dfrac{\varepsilon}{2}$. 由定理 1.3.5, 存在 $\{x_k\}$ 的子序列, 不妨仍记为 $\{x_k\}$, 使 $x_k\to \bar{x}\in G(y)$. 因函数 f 在 $(\bar{x},y)$ 是上半连续的, 存在正整数 K_2, 使 $\forall k\geqslant K_2$, 有

$$f(x_k,y_k) < f(\bar{x},y) + \frac{\varepsilon}{2}.$$

这样, $\forall k \geqslant K_2$,

$$V(y) \geqslant f(\bar{x}, y) > f(x_k, y_k) - \frac{\varepsilon}{2} > V(y_k) - \varepsilon,$$

函数 V 在 y 是上半连续的.

(3) 结合 (1) 和 (2), 函数 V 在 y 必是连续的.

以下用反证法. 如果集值映射 M 在 $y \in Y$ 不是上半连续的, 则存在 X 中的开集 O, $O \supset M(y)$, 存在 $y_k \to y$, $x_k \in M(y_k)$, 而 $x_k \notin O$, $k = 1, 2, 3, \cdots$. 因 $x_k \in M(y_k)$, 故 $x_k \in G(y_k)$, 且 $f(x_k, y_k) = V(y_k)$, $k = 1, 2, 3, \cdots$. 同 (2), 由定理 1.3.5, 不妨设 $x_k \to x \in G(y)$. 因函数 f 和 V 都连续, 必有 $f(x, y) = V(y)$, $x \in M(y) \subset O$, 这与 $x_k \notin O$, $x_k \to x \in O$, 而 O 是开集矛盾.

1.4　不动点定理与 Ky Fan 不等式

以下是著名的 Brouwer 不动点定理, 见文献 [20].

定理 1.4.1(Brouwer)　设 C 是 R^n 中的一个非空有界闭凸集, $f: C \to C$ 连续, 则映射 f 的不动点必存在, 即存在 $x^* \in C$, 使 $f(x^*) = x^*$.

这一定理的证明方法较多, 以下首先证明 Sperner 引理, 然后应用 Sperner 引理证明 KKM 引理, 最后应用 KKM 引理来证明 Brouwer 不动点定理, 见文献 [11,16].

在 R^n 中给定 $n+1$ 个点 $v^0, v^1, \cdots, v^n$, 如果 $v^1 - v^0, \cdots, v^n - v^0$ 是线性无关的, 则称 $v^0, v^1, \cdots, v^n$ 的凸包 $\sigma = \mathrm{co}(v^0, v^1, \cdots, v^n)$ 是顶点为 $v^0, v^1, \cdots, v^n$ 的单纯形. 换句话说, σ 是所有点 $x = \sum\limits_{i=0}^{n} x_i v^i$ 的集合, 其中 $x_i \geqslant 0$, $i = 0, 1, \cdots, n$, 且 $\sum\limits_{i=0}^{n} x_i = 1$. $x_0, x_1, \cdots, x_n$ 称为 $x \in \sigma$ 的重心坐标.

引理 1.4.1　$v^0, v^1, \cdots, v^n \in R^n$, 而 $v^1 - v^0, \cdots, v^n - v^0$ 线性无关, 如果 $x \in \mathrm{co}(v^0, v^1, \cdots, v^n)$, 即 $x = \sum\limits_{i=0}^{n} x_i v^i$, 其中 $x_i \geqslant 0$, $i = 0, 1, \cdots, n$, 且 $\sum\limits_{i=0}^{n} x_i = 1$, 则 $x_0, x_1, \cdots, x_n$ 是唯一确定的.

证明　因 $\sum\limits_{i=0}^{n} x_i = 1$, 有 $v^0 = \sum\limits_{i=0}^{n} x_i v^0$, 故 $x - v^0 = \sum\limits_{i=1}^{n} x_i (v^i - v^0)$, 因 $v^1 -$

$v^0, \cdots, v^n - v^0$ 是线性无关的, 故 $x_1, \cdots, x_n$ 是唯一确定的, 从而 $x_0 = 1 - \sum_{i=1}^{n} x_i$ 也是唯一确定的.

易知单纯形 σ 是 R^n 中的有界闭凸集, 它的边界元素是很复杂的: 边界元素的维数可以是 $n-1, \cdots$, 或 0. 维数 $k \leqslant n-1$ 的边界元素由 $k+1$ 个点 $v^{i_0}, \cdots, v^{i_k}$ 确定. 此边界元素中 x 的重心坐标满足 $x_{i_0} > 0, \cdots, x_{i_k} > 0$, 其余都为 0.

若 x 在由 $v^{i_0}, \cdots, v^{i_k}$ 确定的边界元素上, 定义指标函数 $m(x) = i_0, \cdots$, 或 i_k(称这一定义满足规则 $(*)$), 若 x 是 σ 的内点, 定义指标函数 $m(x) = 0, \cdots$, 或 n.

对于 $N = 2, 3, 4, \cdots$, 作单纯形 σ 的 N 次重心剖分, 顶点为 $\frac{1}{N}(k_0, k_1, \cdots, k_n)$, 其中 k_i 为非负整数, $i = 0, 1, \cdots, n$, 且 $\sum_{i=0}^{n} k_i = N$. 单纯形 σ 被分划成许多个 n 维的格子, 称格子 $n-1$ 维的边界元素为它的面. 设单纯形 σ 的直径等于 Δ, 则每个格子的直径等于 $\frac{\Delta}{N}$.

如果某格子或其边界元素的顶点标号为 $m_0, \cdots, m_k (k = 0, 1, \cdots, n)$, 则称此格子或其边界元素属于 $(m_0, \cdots, m_k)$ 的类型, 规定类型的区分与 $m_0, \cdots, m_k$ 的次序无关.

现在给定一个按照规则 $(*)$ 标号的重心剖分, 用 $F(a, \cdots, l)$ 表示类型 $(a, \cdots, l)$ 中元素的个数.

引理 1.4.2(Sperner 引理) 在单纯形 σ 的 N 次重心剖分中, 对每个格子的顶点标号, 在 σ 的边界上标号满足规则 $(*)$, 则必存在某个全标号格子, 即此格子的顶点的 $n+1$ 个标号恰是 $0, 1, \cdots, n$.

证明 对 n 用数学归纳法, 以下证明更强的结论: $F(0, 1, \cdots, n)$ 必是奇数.

$n = 1$, 观察标号为 0 的面 ($n = 1$, 一个面就是一个点). 每个类型 (0,0) 的格子具有两个标号为 0 的面, 每个类型 (0,1) 的格子具有一个标号为 0 的面. 令 $S = 2F(0,0) + F(0,1)$, 注意到 S 计算每个内部面两次, 但是对边界上的唯一面只计算一次, 所以

$$2F(0,0) + F(0,1) = 2F_i(0) + 1,$$

其中 $F_i(0)$ 表示内部面 0 的个数, 这就证明了 $F(0,1) = 2F_i(0) + 1 - 2F(0,0)$ 必是奇数.

设对 $n-1$ 结论成立, 以下来证明对 n 结论也成立. 考虑标号为 $(0,1,\cdots,n-1)$ 的面, 每个类型 $(0,1,\cdots,n-1,k)(k\leqslant n-1)$ 的格子具有两个标号为 $(0,1,\cdots,n-1)$ 的面, 每个类型 $(0,1,\cdots,n)$ 的格子具有一个标号为 $(0,1,\cdots,n-1)$ 的面. 令 $S=2\sum\limits_{k=0}^{n-1}F(0,1,\cdots,n-1,k)+F(0,1,\cdots,n)$, 注意到 S 计算每个内部面两次, 但是对边界上的每个面 $(0,1,\cdots,n-1)$ 只计算一次, 所以

$$2\sum_{k=0}^{n-1}F(0,1,\cdots,n-1,k)+F(0,1,\cdots,n)=2F_i(0,1,\cdots,n-1)+F_b(0,1,\cdots,n-1),$$

其中 $F_i(0,1,\cdots,n-1)$ 表示内部面 $(0,1,\cdots,n-1)$ 的个数, $F_b(0,1,\cdots,n-1)$ 表示边界上的面 $(0,1,\cdots,n-1)$ 的个数, 而它正是顶点为 $v^0,v^1,\cdots,v^{n-1}$ 的 $n-1$ 维单纯形中类型为 $(0,1,\cdots,n-1)$ 的格子数, 由归纳法假设, $F_b(0,1,\cdots,n-1)$ 必是奇数, 这就证明了

$$F(0,1,\cdots,n)=2F_i(0,1,\cdots,n-1)+F_b(0,1,\cdots,n-1)-2\sum_{k=0}^{n-1}F(0,1,\cdots,n-1,k)$$

必是奇数.

引理 1.4.3(KKM 引理) 设 $F_0,F_1,\cdots,F_n$ 是单纯形 σ 中的 $n+1$ 个闭集, 如果对任意 $i_0,\cdots,i_k(k=0,1,\cdots,n)$, 有

$$\operatorname{co}\left(v^{i_0},\cdots,v^{i_k}\right)\subset\bigcup_{m=0}^{k}F_{i_m},$$

则 $\bigcap\limits_{i=0}^{n}F_i\neq\varnothing$.

证明 令 $i_0=0,\cdots,i_n=n$, 得 $\sigma=\bigcup\limits_{i=0}^{n}F_i$.

作单纯形 σ 的 N 次剖分, $N=2,3,4,\cdots$, 下面来对格子的顶点标号: 如果格子的顶点 x 在 σ 的边界上, 例如在由 $v^{i_0},\cdots,v^{i_k}$ 决定的边界元素上, 则由 $x\in\operatorname{co}\left(v^{i_0},\cdots,v^{i_k}\right)\subset\bigcup\limits_{m=0}^{k}F_{i_m}$, 必存在 i_m, 使 $x\in F_{i_m}$, 规定 $m(x)=i_m$. 如果格子的顶点不在 σ 的边界上, 则由 $x\in\sigma=\bigcup\limits_{i=0}^{n}F_i$, 必存在 i, 使 $x\in F_i$, 规定 $m(x)=i$.

显然, 以上标号满足规则 (*), 由 Sperner 引理 (引理 1.4.2), 存在全标号的格子 σ_N. 设 σ_N 的顶点为 y_i^N, $i=0,1,\cdots,n$, 其中 $m\left(y_i^N\right)=i$. 由 $m\left(y_i^N\right)=i$, 得 $y_i^N\in F_i$, $i=0,1,\cdots,n$.

考虑 R^n 中有界闭集 σ 中的序列 $\{y_0^N : N=2,3,4,\cdots\}$, 不妨设 $y_0^N \to x^*(N \to \infty)$. 因当 $N \to \infty$ 时格子的直径 $\dfrac{\Delta}{N} \to 0$, 故必有 $y_i^N \to x^*(N\to\infty)$, $i=1,\cdots,n$. 由 $y_i^N \in F_i$, $N=2,3,4,\cdots$, 而 F_i 是闭集, 得 $x^* \in F_i$, $i=0,1,\cdots,n$, 故 $\bigcap\limits_{i=0}^{n} F_i \neq \varnothing$.

引理 1.4.4 设单纯形 $\sigma = \mathrm{co}\left(v^0, v^1, \cdots, v^n\right)$, 映射 $f:\sigma\to\sigma$, $\forall x=\sum\limits_{i=0}^{n} x_i v^i \in \sigma$, 其中 $x_i \geqslant 0$, $i=0,1,\cdots,n$, $\sum\limits_{i=0}^{n} x_i = 1$, $f(x)=\sum\limits_{i=0}^{n} f_i(x)v^i \in \sigma$, 其中 $f_i(x) \geqslant 0$, $i=0,1,\cdots,n,\sum\limits_{i=0}^{n} f_i(x)=1$, 则映射 f 在 σ 上连续的充分必要条件是函数 $f_i(x)$ 在 σ 上连续, $i=0,1,\cdots,n$.

证明 充分性易证, 以下证必要性.

首先证明, 如果 $a_1,\cdots,a_n \in R^n$ 线性无关, $\forall x\in R^n$, $g(x)=\sum\limits_{i=1}^{n} g_i(x)a_i$, 其中 $g_i: R^n \to R$, 则由 g 连续可推得 g_i 连续, $i=1,\cdots,n$.

因$\left\|\sum\limits_{i=1}^{n} u_i a_i\right\|$是 $u=(u_1,\cdots,u_n)$ 的连续函数, 而 $B=\left\{u=(u_1,\cdots,u_n):\sum\limits_{i=1}^{n} u_i^2 = 1\right\}$ 是 R^n 中的有界闭集, 由定理 1.1.1(3), 存在 $u^0=\left(u_1^0,\cdots,u_n^0\right)\in B$, 使

$$\left\|\sum_{i=1}^{n} u_i^0 a_i\right\| = \min_{u\in B}\left\|\sum_{i=1}^{n} u_i a_i\right\|.$$

因 $u^0\in B$, 故 $u_1^0,\cdots,u_n^0$ 不全为 0, 且因 $a_1,\cdots,a_n$ 线性无关, 故 $\sum\limits_{i=1}^{n} u_i^0 a_i \neq \mathbf{0}$, $b=\left\|\sum\limits_{i=1}^{n} u_i^0 a_i\right\| > 0$.

$\forall x, x' \in R^n$, 如果 $g(x)\neq g(x')$, 则

$$\begin{aligned}\|g(x)-g(x')\| &= \left\|\sum_{i=1}^{n}\left[g_i(x)-g_i(x')\right]a_i\right\| \\ &= \sqrt{\sum_{i=1}^{n}\left[g_i(x)-g_i(x')\right]^2}\left\|\sum_{i=1}^{n}\frac{g_i(x)-g_i(x')}{\sqrt{\sum\limits_{i=1}^{n}\left[g_i(x)-g_i(x')\right]^2}}a_i\right\| \\ &\geqslant b\sqrt{\sum_{i=1}^{n}\left[g_i(x)-g_i(x')\right]^2}.\end{aligned}$$

注意到, 当 $g(x)=g(x')$ 时, 有 $g_i(x)=g_i(x')$, $i=0,1,\cdots,n$, 此时以上不等式仍然成立.

如果 g 连续, 则由不等式

$$|g_i(x)-g_i(x')|\leqslant\frac{1}{b}\|g_i(x)-g_i(x')\|$$

可推得函数 g_i 必是连续的, $i=1,\cdots,n$.

回到单纯形 σ 的情况. $\forall x\in\sigma$, $f(x)=\sum_{i=0}^{n}f_i(x)v^i$, 其中 $f_i(x)\geqslant 0$, $i=0,1,\cdots,n$, $\sum_{i=0}^{n}f_i(x)=1$, 故 $v^0=\sum_{i=0}^{n}f_i(x)v^0$, $f(x)-v^0=\sum_{i=1}^{n}f_i(x)\left(v^i-v^0\right)$.

因 $v^1-v^0,\cdots,v^n-v^0$ 线性无关, 映射 $g(x)=f(x)-v^0$ 在 σ 上连续, 则函数 $f_i(x)$ 在 σ 上必连续, $i=1,\cdots,n$, 再由 $f_0(x)=1-\sum_{i=1}^{n}f_i(x)$ 得, 函数 $f_0(x)$ 在 σ 上必连续.

Brouwer 不动点定理的证明 (C 为单纯形 σ 的情况) $\forall x=\sum_{i=0}^{n}x_iv^i\in\sigma$, $f(x)=\sum_{i=0}^{n}f_i(x)v^i\in\sigma$.

$\forall i=0,1,\cdots,n$, 定义 $F_i=\{x\in\sigma:f_i(x)\leqslant x_i\}=\{x\in\sigma:f_i(x)-x_i\leqslant 0\}$, 因 $f(x)$ 和 x 在 σ 上连续, 由引理 1.4.4, $f_i(x)-x_i$ 连续, 再由引理 1.1.1(3) 知, F_i 必是闭集.

对任意 $i_0,\cdots,i_k(k=0,1,\cdots,n)$, 以下证明

$$\mathrm{co}\left(v^{i_0},\cdots,v^{i_k}\right)\subset\bigcup_{m=0}^{k}F_{i_m}.$$

用反证法. 如果结论不成立, 则存在 $x=\sum_{i=0}^{k}x_{i_m}v^{i_m}\in\mathrm{co}(v^{i_0},\cdots,v^{i_k})$, 而 $\sum_{i=0}^{k}x_{i_m}v^{i_m}\notin\bigcup_{m=0}^{k}F_{i_m}$, 故 $x_{i_m}<f_{i_m}(x)$, $m=0,\cdots,k$, 于是

$$1=\sum_{m=0}^{k}x_{i_m}<\sum_{m=0}^{k}f_{i_m}(x)\leqslant\sum_{i=0}^{n}f_i(x)=1,$$

矛盾. 这样, 由 KKM 引理 (引理 1.4.3), 存在 $x^*\in\sigma$, 使 $x^*\in\bigcap\limits_{i=0}^{n}F_i$, 即 $f_i(x^*)\leqslant x_i^*$, $i=0,1,\cdots,n$, 但 $\sum\limits_{i=0}^{n}f_i(x^*)=1=\sum\limits_{i=0}^{n}x_i^*$, 故 $f_i(x^*)=x_i^*$, $i=0,1,\cdots,n$, $f(x^*)=x^*$.

Brouwer 不动点定理的证明(一般情况) 因 C 是有界的, 故存在 R^n 中的单纯形 σ, 使 $\sigma\supset C$. 因 C 是 R^n 中的有界闭凸集, 由定理 1.2.3, 存在连续映射 $r:\sigma\to C$, 使 $\forall x\in C$, 有 $r(x)=x$.

现在定义复合映射 $g:\sigma\to\sigma$. $\forall x\in\sigma$, $g(x)=f(r(x))\in C\subset\sigma$. 因 r 和 f 都连续, 故 g 是连续的, 存在 $x^*\in\sigma$, 使 $g(x^*)=f(r(x^*))=x^*$. 注意到 $x^*=f(r(x^*))\in C$, 故 $r(x^*)=x^*$, 最后得 $f(x^*)=x^*$.

以下是著名的 Kakutani 不动点定理, 见文献 [21], 它是 Brouwer 不动点定理的推广.

定理 1.4.2(Kakutani) 设 C 是 R^n 中的一个非空有界闭凸集, 集值映射 $F:C\to P_0(C)$ 满足 $\forall x\in C$, $F(x)$ 是 C 中的非空闭凸集, 且 F 在 x 是上半连续的, 则存在 $x^*\in C$, 使 $x^*\in F(x^*)$.

注 1.4.1 因 C 是 R^n 中的有界闭集, 且 $\forall x\in X$, $F(x)$ 是闭集, 由引理 1.3.2 和定理 1.3.1, 此时, $\forall x\in X$, F 在 x 是上半连续的等价于集值映射 F 是闭的. 因此, Kakutani 不动点定理也可以叙述为: 设 C 是 R^n 中的一个非空有界闭凸集, 集值映射 $F:C\to P_0(C)$ 满足 $\forall x\in C$, $F(x)$ 是 C 中的非空凸集, 且 F 是闭的, 则存在 $x^*\in C$, 使 $x^*\in F(x^*)$.

Kakutani 不动点定理的证明(C 为单纯形 σ 的情况) 对 $N=2,3,4,\cdots$, 作 σ 的 N 次重心剖分, 定义映射 $f^N:\sigma\to\sigma$ 如下: 如果 x 是某格子的顶点, 任取 $y\in F(x)$, 定义 $f^N(x)=y\in\sigma$, 如果 x 不是任格子的顶点, 则它必在某顶点为 $x^0,x^1,\cdots,x^n$ 的格子中, 设 $x=\sum\limits_{i=0}^{n}\theta_i x^i$, 其中 $\theta_i\geqslant 0$, $i=0,1,\cdots,n$, $\sum\limits_{i=0}^{n}\theta_i=1$, 定义 $f^N(x)=\sum\limits_{i=0}^{n}\theta_i f^N(x^i)$, 因 σ 是凸集, $f^N(x^i)\in\sigma$, 得 $f^N(x)\in\sigma$. 注意到如果 x 在两个格子共享的面上, $f^N(x)$ 的定义是一致的, 由此 $f^N:\sigma\to\sigma$ 是连续的. 由 Brouwer 不动点定理, 存在 $x^{(N)}\in\sigma$, 使 $f^N\left(x^{(N)}\right)=x^{(N)}$.

设 $x^{(N)}$ 在顶点为 $x^{N_0},x^{N_1},\cdots,x^{N_n}$ 的格子中, 即 $x^{(N)}=\sum\limits_{i=0}^{n}\theta_{N_i}x^{N_i}$, 其中

$\theta_{N_i} \geqslant 0,\, i=0,1,\cdots,n,\, \sum_{i=0}^{n}\theta_{N_i}=1.\; f^N\left(x^N\right)=\sum_{i=0}^{n}\theta_{N_i}f^N\left(x^{N_i}\right)=\sum_{i=0}^{n}\theta_{Ni}y^{N_i}=x^{(N)}$,
其中 $y^{N_i}=f^{(N)}\left(x^{N_i}\right)\in F\left(x^{N_i}\right),\, i=0,1,\cdots,n$.

由 $\{x^{(N)}:N=2,3,\cdots\}\subset\sigma,\{\theta_{N_i}:i=0,1,\cdots,n;N=2,3,\cdots\}\subset[0,1],\{y^{N_i}: i=0,1,\cdots,n;N=2,3,\cdots\}\subset\sigma$, 而 σ 和 $[0,1]$ 分别是 R^n 和 R 中的有界闭集, 不妨设当 $N\to\infty$ 时, 有 (否则可取子序列)

$$x^{(N)}\to x^*\in\sigma,\theta_{N_I}\to\theta_i\geqslant 0,i=0,1,\cdots,n,\sum_{i=0}^{n}\theta_i=1,y^{N_i}\to y^i\in\sigma,i=0,1,\cdots,n.$$

因 $\sum_{i=0}^{n}\theta_{N_i}y^{N_i}=x^{(N)}$, 令 $N\to\infty$, 故得 $\sum_{i=0}^{n}\theta_i y^i=x^*$.

注意到当 $N\to\infty$ 时, σ 的 N 次重心剖分的格子的直径趋于 0, 因此格子的顶点 $x^{N_i}\to x^*, i=0,1,\cdots,n$. 又 $y^{N_i}\in F\left(x^{N_i}\right)$, $y^{N_i}\to y^i$, 因集值映射 F 是闭的, 必有 $y^i\in F(x^*), i=0,1,\cdots,n$. 因 $F(x^*)$ 是凸集, 必有 $x^*=\sum_{i=0}^{n}\theta_i y^i\in F(x^*)$.

Kakutani 不动点定理的证明(一般情况) 因 C 是有界的, 存在单纯形 σ, 使 $\sigma\supset C$.

由定理 1.5.11, 存在连续映射 $r:\sigma\to C$, 使 $\forall x\in C$, 有 $r(x)=x$.

现在定义复合集值映射 $G:\sigma\to P_0(\sigma):\forall x\in\sigma,\, G(x)=F(r(x))\subset C\subset\sigma$. $\forall x\in\sigma$, $G(x)$ 是 σ 中的非空闭凸集, 又因 r 连续, F 上半连续, 易证集值映射 G 是闭的, 从而是上半连续的, 故存在 $x^*\in\sigma$ 使 $x^*\in G(x^*)=F(r(x^*))\subset C\subset\sigma$. 因 $x^*\in C$, 有 $r(x^*)=x^*$, 从而 $x^*\in F(x^*)$.

注 1.4.2 Brouwer 不动点定理和 Kakutani 不动点定理都没有不动点唯一性的结论. 例如 $C=[0,1]$, $\forall x\in C$, 令 $f(x)=x\in C$, 则 f 连续, 而 $\forall x\in[0,1]$, x 都是 f 的不动点.

以下是著名的 Ky Fan 不等式, 见文献 [22].

定理 1.4.3(Ky Fan) 设 X 是 R^n 中的一个非空有界闭凸集, $\phi: X\times X\to R$ 满足

(1)$\forall y\in X$, $x\to\phi(x,y)$ 在 X 上是下半连续的;

(2)$\forall x\in X$, $y\to\phi(x,y)$ 在 X 上是拟凹的;

(3)$\forall x \in X, \phi(x,x) \leqslant 0$.

则存在 $x^* \in X$, 使 $\forall y \in X$, 有 $\phi(x^*,y) \leqslant 0$.

证明 用反证法. 如果结论不成立, 则 $\forall x \in X$, 存在 $y \in X$, 使 $\varphi(x,y) > 0$. $\forall y \in X$, 定义 $F(y) = \{x \in X : \varphi(x,y) > 0\}$, 因 $x \to \phi(x,y)$ 在 X 上是下半连续的, 由注 1.1.1, $F(y)$ 是 X 中的开集. 因 $X = \bigcup_{y \in X} F(y)$, 而 X 是 R^n 中的有界闭集, 由有限开覆盖定理, 存在 $y_1, \cdots, y_m \in X$, 使 $X = \bigcup_{i=1}^{m} F(y_i)$. 由定理 1.1.2, 存在从属于此开覆盖的连续单位分划 $\{\beta_i : i = 1, \cdots, m\}$.

$\forall x \in X$, 定义 $f(x) = \sum_{i=1}^{m} \beta_i(x) y_i$, 因 $y_i \in X, \beta_i(x) \geqslant 0,\ i = 1, \cdots, m, \sum_{i=1}^{m} \beta_i(x) = 1$, 且 X 是凸集, 得 $f(x) \in X$. 因 β_i 在 X 上连续, 故 f 在 X 上连续. 由 Brouwer 不动点定理, 存在 $\bar{x} \in X$, 使 $\bar{x} = f(\bar{x}) = \sum_{i=1}^{m} \beta_i(\bar{x}) y_i$.

令 $I(\bar{x}) = \{i : \beta_i(\bar{x}) > 0\}$, 因 $\beta_i(\bar{x}) \geqslant 0$, $i = 1, \cdots, m$, 且 $\sum_{i=1}^{m} \beta_i(\bar{x}) = 1$, 故 $I(\bar{x}) \neq \varnothing$. $\forall i \in I(\bar{x})$, 则 $\beta_i(\bar{x}) > 0$, $\bar{x} \in F(y_i)$, $\varphi(\bar{x}, y_i) > 0$. 因 $\bar{x} = \sum_{i \in I(\bar{x})} \beta_i(\bar{x}) y_i$, 故 $\bar{x}$ 是 $y_i\,(i \in I(\bar{x}))$ 的凸组合, 又因 $y \to \phi(\bar{x}, y)$ 在 X 上是拟凹的, 故 $\varphi(\bar{x}, \bar{x}) = \varphi\left(\bar{x}, \sum_{i \in I(\bar{x})} \beta_i(\bar{x}) y_i\right) > 0$, 这与 (3) 矛盾.

注 1.4.3 Ky Fan(樊畿, 1914–2010) 是杰出的华人数学家, 他对非线性分析有许多重要贡献, 从而对博弈论与数理经济学的发展也有重大影响. 设 X 是 R^n 中任一非空子集, $\phi : X \times X \to R$, 如果存在 $x_1^* \in X$, 使 $\forall y \in X$, 有 $\phi(x_1^*, y) \leqslant 0$, 文献 [23] 称 x_1^* 是 φ 在 X 中的 Ky Fan 点. 之后将看到, Ky Fan 点有许多重要的应用. 如果存在 $x_2^* \in X$, 使 $\forall y \in X$, 有 $\phi(x_2^*, y) \geqslant 0$, 文献 [24] 称 x_2^* 是平衡问题 ϕ 在 X 中的解. 注意到平衡问题的研究也是以 Ky Fan 不等式为基础的.

以上定理 1.4.3 实际上给出了 Ky Fan 点存在的一个充分条件. 以下给出平衡问题存在解的一个充分条件.

定理 1.4.4 设 X 是 R^n 中的一个非空有界闭凸集, $\phi : X \times X \to R$ 满足

(1)$\forall y \in X, x \to \phi(x,y)$ 在 X 上是上半连续的;

(2)$\forall x \in X, y \to \phi(x,y)$ 在 X 上是拟凸的;

(3)$\forall x \in X$, $\phi(x,x) \geqslant 0$.

则存在 $x^* \in X$, 使 $\forall y \in X$, 有 $\phi(x^*,y) \geqslant 0$.

应用 Brouwer 不动点定理, 还可以导出 Fan-Browder 不动点定理, 见文献 [25].

定理 1.4.5(Fan-Browder)　设 X 是 R^n 中的一个非空有界闭凸集, 集值映射 $F: X \to P_0(X)$ 满足

(1)$\forall x \in X$, $F(x)$ 是 X 中的非空凸集;

(2)$\forall y \in X$, $F^{-1}(y) = \{x \in X : y \in F(x)\}$ 是 X 中的开集.

则存在 $x^* \in X$, 使 $x^* \in F(x^*)$.

证明　因 $X = \bigcup\limits_{y \in X} F^{-1}(y)$, 而 X 是 R^n 中的有界闭集, 由有限开覆盖定理, 存在 $y_1, \cdots, y_m \in X$, 使 $X = \bigcup\limits_{i=1}^{m} F^{-1}(y_i)$. 设 $\{\beta_i : i = 1, \cdots, m\}$ 是从属于此开覆盖的连续单位分划. 令 $\sigma = \mathrm{co}\{y_1, \cdots, y_m\} \subset X$, $\forall x \in X$, 定义 $f(x) = \sum\limits_{i=1}^{m} \beta_i(x) y_i$, 易知 $f: \sigma \to \sigma$ 连续, 由 Brouwer 不动点定理, 存在 $x^* \in \sigma \subset X$, 使 $x^* = f(x^*)$. 令 $I(x^*) = \{i : \beta_i(x^*) > 0\} \neq \varnothing$, $\forall i \in I(x^*)$, 则 $x^* \in F^{-1}(y_i)$, $y_i \in F(x^*)$, 因 $F(x^*)$ 是凸集, 得 $x^* = f(x^*) = \sum\limits_{i \in I(x^*)} \beta_i(x^*) y_i \in F(x^*)$.

注 1.4.4　用 Fan-Browder 不动点定理可以推得 Ky Fan 不等式成立. 用反证法, 如果 Ky Fan 不等式不成立, 则 $\forall y \in X$, $F(y) = \{x \in X : f(x,y) > 0\} \neq \varnothing$, 又由注 1.2.4, $F(y)$ 必是凸集. $\forall x \in X$, $F^{-1}(x) = \{y \in X : x \in F(y)\} = \{y \in X : f(x,y) > 0\}$, 由注 1.1.1(2), $F^{-1}(x)$ 必是开集. 由 Fan-Browder 不动点定理 (定理 1.4.5), 存在 $y^* \in X$, 使 $y^* \in F(y^*)$, 即 $f(y^*,y^*) > 0$, 矛盾.

用 Ky Fan 不等式还可以推得 Brouwer 不动点定理, 这说明 Ky Fan 不等式与 Brouwer 不动点定理是等价的, 证明如下:

设 C 是 R^n 中的一个非空有界闭凸集, $f: C \to C$ 连续, $\forall x, y \in C$, 定义

$$\phi(x,y) = \langle x - f(x), x - y \rangle .$$

容易验证:

$\forall y \in C$,　$x \to \varphi(x,y)$ 在 C 上是连续的;

$\forall y \in C, \quad y \to \varphi(x,y)$ 在 C 上是凹的;

$\forall y \in C, \quad \varphi(x,x) = 0.$

由 Ky Fan 不等式, 存在 $x^* \in C$, 使 $\forall y \in C$, 有

$$\phi(x^*, y) = \langle x^* - f(x^*), x^* - y \rangle \leqslant 0.$$

因 $f(x^*) \in C$, 有

$$\phi(x^*, f(x^*)) = \|x^* - f(x^*)\|^2 \leqslant 0,$$

从而有 $f(x^*) = x^*$.

用 Ky Fan 不等式还可以推得以下变分不等式解的存在性定理.

定理 1.4.6 设 X 是 R^n 中的一个非空有界闭凸集, $f: X \to R^n$ 连续, 则变分不等式的解存在, 即存在 $x^* \in X$, 使 $\forall y \in X$, 有

$$\langle f(x^*), y - x^* \rangle \geqslant 0$$

证明 $\forall x, y \in X$, 定义

$$\varphi(x,y) = \langle f(x), x - y \rangle.$$

容易验证:

$\forall y \in X, \quad x \to \varphi(x,y)$ 在 X 上是连续的;

$\forall x \in X, \quad y \to \varphi(x,y)$ 在 X 上是凹的;

$\forall x \in X, \quad \varphi(x,x) = 0.$

由 Ky Fan 不等式, 存在 $x^* \in X$, 使 $\forall y \in X$, 有

$$\varphi(x^*, y) = \langle f(x^*), x^* - y \rangle \leqslant 0,$$

即 $\forall y \in X$, 有 $\langle f(x^*), y - x^* \rangle \geqslant 0$.

变分不等式解的存在性定理与 Brouwer 不动点定理也是等价的, 以下首先由变分不等式解的存在性定理来证明 Brouwer 不动点定理.

设 X 是 R^n 中的一个非空有界闭凸集, $f: X \to X$ 连续, $\forall x \in X$, 令 $g(x) = x - f(x)$, 则 $g: X \to R^n$ 连续, 由变分不等式解的存在性定理 (定理 1.4.6), 存在 $x^* \in X$, 使 $\forall y \in X$, 有

$$\langle g(x^*), y - x^* \rangle = \langle x^* - f(x^*), y - x^* \rangle \geqslant 0.$$

令 $y = f(x^*) \in X$, 得

$$\langle x^* - f(x^*), f(x^*) - x^* \rangle = -\|f(x^*) - x^*\|^2 \geqslant 0,$$

故 $x^* = f(x^*)$, Brouwer 不动点定理成立.

再由 Brouwer 不动点定理来证明变分不等式解的存在性定理.

设 X 是 R^n 中的一个非空有界闭凸集, $f: X \to R^n$ 连续, 由定理 1.2.2、注 1.2.3 和定理 1.2.3, $\forall x \in X$, 映射 $r(x - f(x))$(即从 $x - f(x)$ 到 X 上的投影) 是连续的. 由 Brouwer 不动点定理, 存在 $x^* \in X$, 使 $x^* = r(x^* - f(x^*))$, 且由定理 1.2.2, 有

$$\|x^* - f(x^*) - x^*\| = \min_{x \in X} \|x^* - f(x^*) - x\|.$$

$\forall y \in X, \forall \lambda \in (0,1)$, 因 X 是凸集, $\lambda y + (1-\lambda) x^* \in X$, 则

$$\begin{aligned}\|f(x^*)\|^2 &\leqslant \|x^* - f(x^*) - \lambda y - (1-\lambda) x^*\|^2 = \|\lambda(x^* - y) - f(x^*)\|^2 \\ &= \lambda^2 \|x^* - y\|^2 + \|f(x^*)\|^2 - 2\lambda \langle f(x^*), x^* - y \rangle.\end{aligned}$$

化简得

$$-\lambda \|x^* - y\|^2 \leqslant 2 \langle f(x^*), y - x^* \rangle.$$

令 $\lambda \to 0$, 得 $\forall y \in X$, 有

$$\langle f(x^*), y - x^* \rangle \geqslant 0.$$

定理 1.4.7 设 X 是 R^n 中的一个非空有界闭凸集, $F: X \to P_0(R^n)$ 是一个上半连续的集值映射, 且 $\forall x \in X$, $F(x)$ 是 R^n 中的一个非空有界闭凸集, 则广义变分不等式的解存在, 即存在 $x^* \in X$, 存在 $u^* \in F(x^*)$, 使 $\forall y \in X$, 有 $\langle u^*, y - x^* \rangle \geqslant 0$.

证明 首先, 由引理 1.3.7 和定理 1.2.1, $K = \mathrm{co}F(X)$ 必是 R^n 中的非空有界闭凸集, 从而 $X \times K$ 必是 R^{2n} 中的非空有界闭凸集.

$\forall (x,u) \in X \times K$, 定义以下两个集值映射:

$$\varphi(x,u) = \left\{ w \in X : \langle u, x-w \rangle = \max_{y \in X} \langle u, x-y \rangle \right\},$$
$$\Phi(x,u) = \varphi(x,u) \times F(x).$$

由极大值定理 (定理 1.3.7(3)), 集值映射 φ 是上半连续的, 再由引理 1.3.6, 集值映射 Φ 是上半连续的. 又易知 $\Phi(x,u)$ 是 $X \times K$ 中的非空闭凸集. 由 Kakutani 不动点定理, 存在 $(x^*,u^*) \in X \times K$, 使

$$(x^*,u^*) \in \Phi(x^*,u^*) = \varphi(x^*,u^*) \times F(x^*).$$

这样, $u^* \in F(x^*)$, 且 $x^* \in \varphi(x^*,u^*)$, 即

$$\max_{y \in X} \langle u^*, x^*-y \rangle = \langle u^*, x^*-x^* \rangle = 0,$$

于是 $\forall y \in X$, 有 $\langle u^*, x^*-y \rangle \leqslant 0$, 从而 $\langle u^*, y-x^* \rangle \geqslant 0$.

广义变分不等式解的存在性定理与 Kakutani 不动点定理是等价的, 以下由广义变分不等式解的存在性定理来证明 Kakutani 不动点定理.

设 X 是 R^n 中的一个非空有界闭凸集, $F: X \to P_0(X)$ 上半连续, 且 $\forall x \in X$, $F(x)$ 是 X 中的非空闭凸集. $\forall x \in X$, 令 $G(x) = x - F(x)$, 则集值映射 G 在 X 上是上半连续的, 且 $\forall x \in X$, $G(x)$ 是 R^n 中的非空有界闭凸集, 由广义变分不等式解的存在性定理 (定理 1.4.7), 存在 $x^* \in X$, 存在 $u^* \in G(x^*) = x^* - F(x^*)$, 使 $\forall y \in X$, 有

$$\langle u^*, y-x^* \rangle \geqslant 0.$$

因 $u^* \in x^* - F(x^*)$, 存在 $y^* \in F(x^*) \subset X$, 使 $u^* = x^* - y^*$, $\forall y \in X$, 有

$$\langle x^*-y^*, y-x^* \rangle \geqslant 0,$$

令 $y = y^* \in X$, 得 $-\|x^*-y^*\|^2 \geqslant 0$, 最后得 $x^* = y^*$, $x^* \in F(x^*)$.

以下应用凸集分离定理、连续单位分划定理和 Ky Fan 不等式来证明拟变分不等式解的存在性定理.

定理 1.4.8 设 x 是 R^n 中的一个非空有界闭凸集, 集值映射 $G: X \to P_0(X)$ 连续, 且 $\forall x \in X$, $G(x)$ 是 X 中的非空闭凸集, $\varphi: X \times X \to R$ 下半连续, 且满足

(1)$\forall x \in X$, $y \to \varphi(x,y)$ 在 X 上是凹的;

(2)$\forall x \in X$, $\varphi(x,x) \leqslant 0$.

则拟变分不等式的解存在, 即存在 $x^* \in X$, 使 $x^* \in G(x^*)$, 且 $\forall y \in G(x^*)$, 有 $\varphi(x^*,y) \leqslant 0$.

证明 用反证法, 如果结论不成立, 则 $\forall x \in X$, 或者 $x \notin G(x)$, 或者有 $\alpha(x) = \sup\limits_{y \in G(x)} \varphi(x,y) > 0$.

如果 $x \notin G(x)$, 由凸集分离定理 (定理 1.2.4), 存在 $p \in R^n$, 使

$$\langle p,x\rangle - \sup_{y \in G(x)} \langle p,y\rangle > 0.$$

记 $V_0 = \{x \in X : \alpha(x) > 0\}$, 因函数 φ 在 $X \times X$ 上是下半连续的, 集值映射 G 在 X 上是下半连续的, 由定理 1.3.7(1), 函数 α 在 X 上是下半连续的, 由注 1.1.3(2), V_0 是开集.

$\forall p \in R^n$, 记 $V_p = \left\{x \in X : \langle p,x\rangle - \sup\limits_{y \in G(x)} \langle p,y\rangle > 0\right\}$, 因函数 $\langle p,y\rangle$ 在 $X \times X$ 上是连续的, 集值映射 G 在 X 上是上半连续的, 且 $\forall x \in X, G(x)$ 是 R^n 中的有界闭集, 由定理 1.3.7(2), 函数 $\sup\limits_{y \in G(x)} \langle p,y\rangle$ 在 X 上是上半连续的, 从而函数 $x \to \langle p,x\rangle - \sup\limits_{y \in G(x)} \langle p,y\rangle$ 在 X 上是下半连续的, 由注 1.1.3(2), V_p 必是开集.

因 $X = V_0 \bigcup \bigcup\limits_{p \in R^n} V_p$, 而 X 是 R^n 中的有界闭集, 由有限开覆盖定理, 存在 $p_1, \cdots, p_m \in R^n$, 使 $X = V_0 \bigcup \bigcup\limits_{i=1}^{m} V_i$, 设 $\{\beta_0, \beta_1, \cdots, \beta_m\}$ 是从属于此开覆盖 $\{V_0, V_1, \cdots, V_m\}$ 的连续单位分划.

$\forall x, y \in X$, 定义

$$f(x,y) = \beta_0(x)\varphi(x,y) + \sum_{i=1}^{m} \beta_i(x)\langle p_i, x-y\rangle.$$

容易验证:

$\forall y \in X$, $\quad x \to f(x,y)$ 在 X 上是下半连续的;

$\forall x \in X$, $\quad y \to f(x,y)$ 在 X 上是凹的;

$$\forall x \in X, \quad f(x,x) \leqslant 0.$$

由 Ky Fan 不等式, 存在 $x^* \in X$, 使 $\forall y \in X$, 有

$$f(x^*,y) = \beta_0(x^*)\varphi(x^*,y) + \sum_{i=1}^{m}\beta_i(x^*)\langle p_i, x^*-y\rangle \leqslant 0.$$

分两种情况讨论:

(1) 如果 $\beta_0(x^*) > 0$, 则 $x^* \in V_0$, $\alpha(x^*) > 0$, 选取 $y_1^* \in G(x^*) \subset X$, 使 $\varphi(x^*,y_1^*) > 0$. 记 $I(x^*) = \{i : i \neq 0, \beta_i(x^*) > 0\}$. 如果 $I(x^*) = \varnothing$, 则 $\beta_0(x^*) = 1$, $f(x^*,y_1^*) = \varphi(x^*,y_1^*) > 0$; 如果 $I(x^*) \neq \varnothing$, 则 $\forall i \in I(x^*)$, 有 $x^* \in V_{p_i}$, 因 $y_1^* \in G(x^*)$, 有

$$\begin{aligned}\langle p_i, x^*-y_1^*\rangle &= \langle p_i, x^*\rangle - \langle p_i, y_1^*\rangle \\ &\geqslant \langle p_i, x^*\rangle - \sup_{y\in G(x^*)}\langle p_i, y\rangle > 0,\end{aligned}$$

故

$$f(x^*,y_1^*) = \beta_0(x^*)\varphi(x^*,y_1^*) + \sum_{i\in I(x^*)}\beta_i(x^*)\langle p_i, x^*-y_1^*\rangle > 0.$$

(2) 如果 $\beta_0(x^*) = 0$, 则 $I(x^*) \neq \varnothing$, 任选 $y_2^* \in G(x^*) \subset X$, 则

$$f(x^*,y_2^*) = \sum_{i\in I(x^*)}\beta_i(x^*)\langle p_i, x^*-y_2^*\rangle > 0.$$

无论何种情况, 总得到矛盾, 从而拟变分不等式的解必存在.

第 2 讲　矩阵博弈与两人零和博弈

本讲将介绍 von Neumann 提出的矩阵博弈和它的推广：两人零和博弈，主要参考了文献 [3,11].

2.1 矩阵博弈

考虑以下博弈：设局中人 1 有 m 个策略 $\{a_1, \cdots, a_m\}$，局中人 2 有 n 个策略 $\{b_1, \cdots, b_n\}$，局中人 1 选择策略 a_i，局中人 2 选择策略 b_j，局中人 1 从局中人 2 得到的支付为 c_{ij}，因为所有 $c_{ij}(i = 1, \cdots, m;\ j = 1, \cdots, n)$ 构成一个矩阵，这一博弈就称为矩阵博弈. 每个局中人都是理性的，都希望自己能获得最大的利益，因此，如果存在 $i^* \in \{i = 1, \cdots, m\}$，$j^* \in \{j = 1, \cdots, n\}$，使

$$c_{i^*j^*} = \max_{1 \leqslant i \leqslant m} c_{ij^*},$$

$$c_{i^*j^*} = \min_{1 \leqslant j \leqslant n} c_{i^*j},$$

则局中人 1 选择策略 a_{i*}，局中人 2 选择策略 b_{j*}，博弈就形成平衡，因为此时谁也不能通过单独改变自己的策略而使自己获得更大的利益，但是对任意 $c_{ij}(i = 1, \cdots, m;$ $j = 1, \cdots, n)$，不能保证这样的 i^* 和 j^* 一定会存在. 在这种情况下，每个局中人将都尽最大努力不让对手猜出自己将采取的策略，他们可以用随机方法来确定自己要选择的策略. 将 $A = \{a_1, \cdots, a_m\}$ 和 $B = \{b_1, \cdots, b_n\}$ 分别称为局中人 1 和局中人 2 的纯策略集，而将 $X = \{x = (x_1, \cdots, x_m) : x_i \geqslant 0, i = 1, \cdots, m, \sum_{i=1}^{m} x_i = 1\}$ 和 $Y = \{y = (y_1, \cdots, y_n) : y_i \geqslant 0, j = 1, \cdots, n, \sum_{i=1}^{n} y_i = 1\}$ 分别称为局中人 1 和局中人 2 的混合策略集 (X 和 Y 分别是局中人 1 和局中人 2 在 A 和 B 上的所有概率分布的集合). 如果局中人 1 选择混合策略 $x = (x_1, \cdots, x_m) \in X$，局中人 2 选择混合策略 $y = (y_1, \cdots, y_n) \in Y$(理解为局中人 1 以 x_1 的概率选择纯策略 $a_1, \cdots$，以 x_m 的概率选择纯策略 a_m；局中人 2 以 y_1 的概率选择纯策略 $b_1, \cdots$，以 y_n 的概率选择纯策略 b_n)，并假定他们的选择是独立的，则局中人 1 从局中人 2 得

到的期望支付为 $\sum_{i=1}^{m}\sum_{j=1}^{n}c_{ij}x_iy_j$. 每个局中人都希望自己能获得最大的利益, 如果存在 $x^*=(x_1^*,x_2^*,\cdots,x_m^*)\in X,y^*=(y_1^*,y_2^*,\cdots,y_n^*)\in Y$, 使

$$\sum_{i=1}^{m}\sum_{j=1}^{n}c_{ij}x_i^*y_j^*=\max_{x\in X}\sum_{i=1}^{m}\sum_{j=1}^{n}c_{ij}x_iy_j^*,$$

$$\sum_{i=1}^{m}\sum_{j=1}^{n}c_{ij}x_i^*y_j^*=\min_{y\in Y}\sum_{i=1}^{m}\sum_{j=1}^{n}c_{ij}x_i^*y_j,$$

则局中人 1 选择混合策略 x^*, 局中人 2 选择混合策略 y^*, 博弈就形成平衡, 因为此时谁也不能通过单独改变自己的策略而使自己获得更大的利益. $(x^*,y^*)\in X\times Y$ 称为此矩阵博弈的平衡点, 也称为鞍点, 因为此时 $\forall x=(x_1,\cdots,x_m)\in X$, $\forall y=(y_1,\cdots,y_n)\in Y$, 有

$$\sum_{i=1}^{m}\sum_{j=1}^{n}c_{ij}x_iy_j^*\leqslant\sum_{i=1}^{m}\sum_{j=1}^{n}c_{ij}x_i^*y_j^*\leqslant\sum_{i=1}^{m}\sum_{j=1}^{n}c_{ij}x_i^*y_j.$$

以下就来研究平衡点 (或鞍点) 的存在性, 记

$$v_1=\max_{x\in X}\min_{y\in Y}\sum_{i=1}^{m}\sum_{j=1}^{n}c_{ij}x_iy_j,\quad v_2=\min_{y\in Y}\max_{x\in X}\sum_{i=1}^{m}\sum_{j=1}^{n}c_{ij}x_iy_j.$$

引理 2.1.1 $v_1\leqslant v_2$.

证明 $\forall x=(x_1,\cdots,x_m)\in X$, $\forall y=(y_1,\cdots,y_n)\in Y$, 有

$$\min_{y\in Y}\sum_{i=1}^{m}\sum_{j=1}^{n}c_{ij}x_iy_j\leqslant\sum_{i=1}^{m}\sum_{j=1}^{n}c_{ij}x_iy_j\leqslant\max_{x\in X}\sum_{i=1}^{m}\sum_{j=1}^{n}c_{ij}x_iy_j,$$

故

$$v_1=\max_{x\in X}\min_{y\in Y}\sum_{i=1}^{m}\sum_{j=1}^{n}c_{ij}x_iy_j\leqslant\min_{y\in Y}\max_{x\in X}\sum_{i=1}^{m}\sum_{j=1}^{n}c_{ij}x_iy_j=v_2.$$

引理 2.1.2 如果 $v_1=v_2$, 则存在 $x^*=(x_1^*,\cdots,x_m^*)\in X$, 存在 $y^*=(y_1^*,\cdots,y_n^*)\in Y$, 使 $\forall x=(x_1,\cdots,x_m)\in X$, $\forall y=(y_1,\cdots,y_n)\in Y$, 有

$$\sum_{i=1}^{m}\sum_{j=1}^{n}c_{ij}x_iy_j^*\leqslant\sum_{i=1}^{m}\sum_{j=1}^{n}c_{ij}x_i^*y_j^*\leqslant\sum_{i=1}^{m}\sum_{j=1}^{n}c_{ij}x_i^*y_j,$$

或者有

$$\sum_{i=1}^{m}\sum_{j=1}^{n} c_{ij}x_i^*y_j^* = \max_{x\in X}\sum_{i=1}^{m}\sum_{j=1}^{n} c_{ij}x_iy_j^*,$$

$$\sum_{i=1}^{m}\sum_{j=1}^{n} c_{ij}x_i^*y_j^* = \min_{y\in Y}\sum_{i=1}^{m}\sum_{j=1}^{n} c_{ij}x_i^*y_j.$$

证明　记 $v = v_1 = v_2$, 因 $v = v_1$, 存在 $x^* = (x_1^*, \cdots, x_m^*) \in X$, 使

$$\min_{y\in Y}\sum_{i=1}^{m}\sum_{j=1}^{n} c_{ij}x_i^*y_j = v,$$

因 $v = v_2$, 存在 $y^* = (y_1^*, \cdots, y_n^*) \in Y$, 使

$$\max_{x\in X}\sum_{i=1}^{m}\sum_{j=1}^{n} c_{ij}x_iy_j^* = v.$$

这样, $\forall x = (x_1, \cdots, x_m) \in X$, $\forall y = (y_1, \cdots, y_n) \in Y$, 有

$$\sum_{i=1}^{m}\sum_{j=1}^{n} c_{ij}x_iy_j^* \leqslant v \leqslant \sum_{i=1}^{m}\sum_{j=1}^{n} c_{ij}x_i^*y_j.$$

在上式中令 $x^* = (x_1^*, \cdots, x_m^*) \in X$, $y^* = (y_1^*, \cdots, y_n^*) \in Y$, 得

$$v = \sum_{i=1}^{m}\sum_{j=1}^{n} c_{ij}x_i^*y_j^*.$$

即第一个结论成立, 而第二个结论与第一个结论是等价的.

引理 2.1.3　如果存在 $x^* = (x_1^*, \cdots, x_m^*) \in X$, $y^* = (y_1^*, \cdots, y_n^*) \in Y$, 使

$$\sum_{i=1}^{m}\sum_{j=1}^{n} c_{ij}x_i^*y_j^* = \max_{x\in X}\sum_{i=1}^{m}\sum_{j=1}^{n} c_{ij}x_iy_j^*,$$

$$\sum_{i=1}^{m}\sum_{j=1}^{n} c_{ij}x_i^*y_j^* = \min_{y\in Y}\sum_{i=1}^{m}\sum_{j=1}^{n} c_{ij}x_i^*y_j.$$

则 $v_1 = v_2$.

证明 首先, 有

$$\begin{aligned} v_1 &= \max_{x\in X}\min_{y\in Y}\sum_{i=1}^m\sum_{j=1}^n c_{ij}x_iy_j \\ &\geqslant \min_{y\in Y}\sum_{i=1}^m\sum_{j=1}^n c_{ij}x_i^*y_j = \sum_{i=1}^m\sum_{j=1}^n c_{ij}x_i^*y_j^* \\ &= \max_{x\in X}\sum_{i=1}^m\sum_{j=1}^n c_{ij}x_iy_j^* \geqslant \min_{y\in Y}\max_{x\in X}\sum_{i=1}^m\sum_{j=1}^n c_{ij}x_iy_j = v_2, \end{aligned}$$

又由引理 2.1.1, 有 $v_1 \leqslant v_2$, 故 $v_1 = v_2$.

定理 2.1.1 $v_1 = v_2$.

这一定理称为最大最小值定理, 它是博弈论历史上的第一个重要定理, 所以也曾被称为博弈论基本定理. 以下用凸集分离定理来证明它, 这还需要以下引理.

引理 2.1.4 设 $A = \{c_{ij}\}$ 是一个 $m \times n$ 矩阵, 则下列两个不等式之一必成立:

(1) 存在 $y_j \geqslant 0, j = 1, \cdots, n, \sum\limits_{j=1}^n y_j = 1$, 使

$$\sum_{j=1}^n c_{ij}y_j \leqslant 0, \quad i = 1, \cdots, m;$$

(2) 存在 $x_i > 0, i = 1, \cdots, m, \sum\limits_{i=1}^m x_i = 1$, 使

$$\sum_{i=1}^m c_{ij}x_i > 0, \quad j = 1, \cdots, n.$$

证明 设 H 是 R^m 中以下 $n + m$ 个点:

$$c^{(1)} = (c_{11}, c_{21}, \cdots, c_{m1}), \cdots, c^{(n)} = (c_{1n}, c_{2n}, \cdots, c_{mn});$$

$$e^{(1)} = (1, 0, \cdots, 0), \cdots, e^{(m)} = (0, 0, \cdots, 1)$$

的凸包, 它是 R^m 中的有界闭凸集.

(1) 如果 $\mathbf{0} \in H$, 则存在 $t_1 \geqslant 0, \cdots, t_{n+m} \geqslant 0, \sum\limits_{j=1}^{n+m} t_j = 1$, 使

$$t_1c^{(1)}+\cdots+t_nc^{(n)}+t_{n+1}e^{(1)}+\cdots+t_{n+m}e^{(m)}=0,$$

于是

$$t_1c_{i1}+\cdots+t_nc_{in}+t_{n+i}=0,\quad i=1,\cdots,m,$$

$$t_1c_{i1}+\cdots+t_nc_{in}=-t_{n+i}\leqslant 0,\quad i=1,\cdots,m.$$

如果 $t_1+\cdots+t_n=0$, 则必有 $t_{n+i}=0$, $i=1,\cdots,m$, $\sum\limits_{j=1}^{n+m}t_j=0$, 矛盾, 故 $t_1+\cdots+t_n>0$.

令 $y_j=\dfrac{t_j}{t_1+\cdots+t_n}$, 则 $y_j\geqslant 0$, $j=1,\cdots,n$, $\sum\limits_{j=1}^{n}y_j=1$, 而

$$\sum_{j=1}^{n}c_{ij}y_j=\frac{1}{t_1+\cdots+t_n}\sum_{j=1}^{n}c_{ij}t_j=\frac{-t_{n+i}}{t_1+\cdots+t_n}\leqslant 0,\quad i=1,\cdots,m.$$

(2) 如果 $0\notin H$, 则由凸集分离定理 (定理 1.2.4 及注 1.2.3), 存在 $s=(s_1,\cdots,s_m)\in R^m$, 使

$$\left\langle s,c^{(j)}\right\rangle=s_1c_{1j}+\cdots+s_mc_{mj}>0,\quad j=1,\cdots,n;$$

$$\left\langle s,e^{(i)}\right\rangle=s_i>0,\quad i=1,\cdots,m.$$

令 $x_i=\dfrac{s_i}{s_1+\cdots+s_m}>0$, $i=1,\cdots,m$, 则 $\sum\limits_{i=1}^{m}x_i=1$, 而

$$\sum_{i=1}^{m}c_{ij}x_i=\frac{1}{s_1+\cdots+s_m}\sum_{i=1}^{m}s_ic_{ij}>0,\quad j=1,\cdots,n.$$

最大最小值定理的证明　首先, 由引理 1.4.1, 有 $v_1\leqslant v_2$, 以下只需证明 $v_1<v_2$ 不可能发生. 用反证法, 如果 $v_1<v_2$, 则存在实数 a, 使 $v_1<a<v_2$. $\forall i=1,\cdots,m$, $\forall j=1,\cdots,n$, 令 $c'_{ij}=c_{ij}-a$, 则易知

$$\begin{aligned}v'_1&=\max_{x\in X}\min_{y\in Y}\sum_{i=1}^{m}\sum_{j=1}^{n}c'_{ij}x_iy_j\\&=\max_{x\in X}\min_{y\in Y}\sum_{i=1}^{m}\sum_{j=1}^{n}c_{ij}x_iy_j-a=v_1-a<0,\\v'_2&=v_2-a>0,\end{aligned}$$

所以就可以不妨设 $v_1 < 0, v_2 > 0$, 因为如果 $v_1' < 0, v_2' > 0$ 不可能发生, 则 $v_1 < a$, $v_2 > a$ 也不可能发生.

由引理 2.1.4, 下列两个不等式之一必成立:

(1) 存在 $y_j \geqslant 0, j = 1, \cdots, n, \sum_{j=1}^{n} y_j = 1$, 使

$$\sum_{j=1}^{n} c_{ij} y_j \leqslant 0, \quad i = 1, \cdots, m.$$

$\forall x = (x_1, \cdots, x_m) \in X$, 必有

$$\sum_{i=1}^{m} \sum_{j=1}^{n} c_{ij} x_i y_j = \sum_{i=1}^{m} \left(\sum_{j=1}^{n} c_{ij} y_j \right) x_i \leqslant 0,$$

$$v_2 = \min_{y \in Y} \max_{x \in X} \sum_{i=1}^{m} \sum_{j=1}^{n} c_{ij} x_i y_j \leqslant 0.$$

(2) 存在 $x_i > 0, i = 1, \cdots, m, \sum_{i=1}^{m} x_i = 1$, 使

$$\sum_{i=1}^{m} c_{ij} x_i > 0, \quad j = 1, \cdots, n,$$

$\forall y = (y_1, \cdots, y_n) \in Y$, 必有

$$\sum_{i=1}^{m} \sum_{j=1}^{n} c_{ij} x_i y_j = \sum_{j=1}^{n} \left(\sum_{i=1}^{m} c_{ij} x_i \right) y_j > 0,$$

$$v_1 = \max_{x \in X} \min_{y \in Y} \sum_{i=1}^{m} \sum_{j=1}^{n} c_{ij} x_i y_j > 0.$$

这样, 无论何种情况出现都与 $v_1 < 0, v_2 > 0$ 矛盾, 故 $v_1 = v_2$.

因 $v_1 = v_2$, 由引理 2.1.2, 矩阵博弈必存在平衡点或鞍点.

矩阵博弈可以用线性规划来求解, 推导如下: 设

$$X = \left\{ x = (x_1, \cdots, x_m) : x_i \geqslant 0, i = 1, \cdots, m, \sum_{i=1}^{m} x_i = 1 \right\},$$

$$Y=\left\{y=(y_1,\cdots,y_n):y_j\geqslant 0,j=1,\cdots,n,\sum_{j=1}^{n}y_j=1\right\},$$

定理 2.1.1 已证明

$$\max_{x\in X}\min_{y\in Y}\sum_{i=1}^{m}\sum_{j=1}^{n}c_{ij}x_iy_j=\min_{y\in Y}\max_{x\in X}\sum_{i=1}^{m}\sum_{j=1}^{n}c_{ij}x_iy_j.$$

由

$$\begin{aligned}\max_{x\in X}\min_{y\in Y}\sum_{i=1}^{m}\sum_{j=1}^{n}c_{ij}x_iy_j&=\max_{x\in X}\min_{y\in Y}\sum_{j=1}^{n}\left(\sum_{i=1}^{m}c_{ij}x_i\right)y_j\\&=\max_{x\in X}\min_{1\leqslant j\leqslant n}\sum_{i=1}^{m}c_{ij}x_i,\end{aligned}$$

记 $x_0=\min\limits_{1\leqslant j\leqslant n}\sum\limits_{i=1}^{m}c_{ij}x_i$, 则问题归结为求解以下最优化问题:

$$\begin{aligned}&\max\ x_0\\&\text{s.t.}\sum_{i=1}^{m}c_{ij}x_i\geqslant x_0,j=1,\cdots,n,\\&\sum_{i=1}^{m}x_i=1,\\&x_i\geqslant 0,i=1,\cdots,m.\end{aligned}$$

这是一个变量为 $(x_0,x_1,\cdots,x_m)$ 的线性规划问题, 可以求出 x_0^* 和 $x^*=(x_1^*,\cdots,x_m^*)\in X$. 注意到如果约束中 $\forall j=1,\cdots,n$, 有 $\sum\limits_{i=1}^{m}c_{ij}x_i^*>x_0^*$, 则 $(x_0^*,x_1^*,\cdots,x_m^*)$ 不可能是线性规划的解, 因为 x_0^* 可以再增大, 直到以上 n 个不等式中至少出现一个等式, 此时 $x_0^*=\min\limits_{1\leqslant j\leqslant n}\sum\limits_{i=1}^{m}c_{ij}x_i^*$.

用同样的方法可以求出 $y^*=(y_1^*,\cdots,y_n^*)\in Y$.

2.2　两人零和博弈

考虑以下博弈: 设局中人 1 的策略集是 X, 局中人 2 的策略集是 Y, 它们分别是 R^m 和 R^n 中的非空集合. 局中人 1 选择策略 $x\in X$, 局中人 2 选择策略 $y\in Y$, 局中人 1 从局中人 2 得到的支付为 $f(x,y)$(此时局中人 2 从局中人 1 得到的支付

为 $-f(x,y)$), 因为 $\forall x\in X, \forall y\in Y$, 有 $f(x,y)+(-f(x,y))=0$, 这一博弈就称为两人零和博弈. 显然, 矩阵博弈为其特例.

每个局中人都是理性的, 都希望自己能获得最大的利益. 此时, 如果存在 $x^*\in X$, 存在 $y^*\in Y$, 使

$$f(x^*,y^*)=\max_{x\in X} f(x,y^*),$$
$$f(x^*,y^*)=\min_{y\in Y} f(x^*,y),$$

则局中人 1 选择策略 x^*, 局中人 2 选择策略 y^*, 博弈就形成平衡, 因为此时谁也不能通过单独改变自己的策略而使自己获得更大的利益. (x^*,y^*) 称为此两人零和博弈的平衡点, 也称为鞍点, 因为此时 $\forall x\in X, \forall y\in Y$, 有

$$f(x,y^*)\leqslant f(x^*,y^*)\leqslant f(x^*,y).$$

关于两人零和博弈平衡点或鞍点的存在性问题, 将在第 4 讲中给出. 以下给出两人零和博弈 (包括矩阵博弈) 的一个重要性质.

定理 2.2.1 设 $f: X\times Y\to R$ 在 $X\times Y$ 中的鞍点全体为 $S(f)$, 如果 $(x_1,y_1)\in S(f)$, $(x_2,y_2)\in S(f)$, 则 $f(x_2,y_1)=f(x_1,y_1)=f(x_1,y_2)=f(x_2,y_2)$, 且 $(x_1,y_2)\in S(f)$, $(x_2,y_1)\in S(f)$.

证明 $\forall (x,y)\in X\times Y$, 因 $(x_1,y_1)\in S(f)$, $(x_2,y_2)\in S(f)$, 必有

$$f(x,y_1)\leqslant f(x_1,y_1)\leqslant f(x_1,y),$$
$$f(x,y_2)\leqslant f(x_2,y_2)\leqslant f(x_2,y).$$

在上式中分别令 $x=x_2$, $y=y_2$ 及 $x=x_1$, $y=y_1$, 则有

$$f(x_2,y_1)\leqslant f(x_1,y_1)\leqslant f(x_1,y_2)\leqslant f(x_2,y_2)\leqslant f(x_2,y_1),$$

于是

$$f(x_2,y_1)=f(x_1,y_1)=f(x_1,y_2)=f(x_2,y_2).$$

$\forall (x,y)\in X\times Y$, 有

$$f(x,y_1)\leqslant f(x_1,y_1)=f(x_2,y_1)=f(x_2,y_2)\leqslant f(x_2,y),$$
$$f(x,y_2)\leqslant f(x_2,y_2)=f(x_1,y_2)=f(x_1,y_1)\leqslant f(x_1,y),$$

从而有

$$(x_1,y_2)\in S(f),\quad (x_2,y_1)\in S(f).$$

第3讲　双矩阵博弈与 n 人非合作有限博弈

本讲将介绍 Nash 提出的 n 人非合作有限博弈和它的特例: 双矩阵博弈, 主要参考了文献 [11, 26].

3.1　双矩阵博弈

考虑以下博弈: 设局中人 1 有 m 个策略 $\{a_1,\cdots,a_m\}$, 局中人 2 有 n 个策略 $\{b_1,\cdots,b_n\}$, 局中人 1 选择策略 a_i, 局中人 2 选择策略 b_j, 局中人 1 得到的支付为 c_{ij}, 局中人 2 得到的支付为 d_{ij}, 未要求 $\forall i=1,\cdots,m, \forall j=1,\cdots,n$, 有 $c_{ij}+d_{ij}=0$, 这是矩阵博弈. 如果对某些 i 和 j 有 $c_{ij}>0$ 和 $d_{ij}>0$, 则局中人 1 选择策略 a_i, 局中人 2 选择策略 b_j, 这就是双赢. 因为 $\{c_{ij}\}$ 和 $\{d_{ij}\}\,(i=1,\cdots,m;j=1,\cdots,n)$ 构成两个矩阵, 这一博弈就称为双矩阵博弈. 将 $A=\{a_1,\cdots,a_m\}$ 和 $B=\{b_1,\cdots,b_n\}$ 分别称为局中人 1 和局中人 2 的纯策略集, 而将

$$X=\left\{x=(x_1,\cdots,x_m):x_i\geqslant 0, i=1,\cdots,m,\sum_{i=1}^m x_i=1\right\}$$

和

$$Y=\left\{y=(y_1,\cdots,y_n):y_j\geqslant 0, j=1,\cdots,n,\sum_{j=1}^n y_j=1\right\}$$

分别称为局中人 1 和局中人 2 的混合策略集. 如果局中人 1 选择混合策略 $x=(x_1,\cdots,x_m)\in X$, 局中人 2 选择混合策略 $y=(y_1,\cdots,y_n)\in Y$, 并假定他们的选择是独立的, 则局中人 1 和局中人 2 得到的期望支付分别为 $\sum\limits_{i=1}^m\sum\limits_{j=1}^n c_{ij}x_iy_j$ 和 $\sum\limits_{i=1}^m\sum\limits_{j=1}^n d_{ij}x_iy_j$. 每个局中人都是理性的, 都希望自己能获得最大的利益. 因此, 如果存在 $x^*=(x_1^*,x_2^*,\cdots,x_m^*)\in X$, 存在 $y^*=(y_1^*,y_2^*,\cdots,y_n^*)\in Y$, 使

$$\sum_{i=1}^m\sum_{j=1}^n c_{ij}x_i^*y_j^*=\max_{x\in X}\sum_{i=1}^m\sum_{j=1}^n c_{ij}x_iy_j^*,$$

$$\sum_{i=1}^{m}\sum_{j=1}^{n} d_{ij}x_i^* y_j^* = \max_{y\in Y}\sum_{i=1}^{m}\sum_{j=1}^{n} d_{ij}x_i^* y_j,$$

则局中人 1 选择混合策略 x^*, 局中人 2 选择混合策略 y^*, 博弈就形成平衡, 因为此时谁也不能通过单独改变自己的策略而使自己获得更大的利益. (x^*, y^*) 称为此双矩阵博弈的 Nash 平衡点.

如果 $\forall i = 1,\cdots,m$, $\forall j = 1,\cdots,n$, 有 $c_{ij} + d_{ij} = 0$, 即 $d_{ij} = -c_{ij}$, 则此博弈为矩阵博弈, 这说明矩阵博弈是双矩阵博弈的特例.

以下用 Brouwer 不动点定理来证明双矩阵博弈 Nash 平衡点必存在.

定理 3.1.1 双矩阵博弈必存在 Nash 平衡点.

证明 易知 X 和 Y 分别是 R^m 和 R^n 中的有界闭凸集, 故 $C = X\times Y$ 必是 R^{m+n} 中的有界闭凸集. $\forall (x,y)\in X\times Y = C$, 定义映射 $f(x,y) = (x', y')$ 如下:

$$x_i' = \frac{x_i + \max\left(0, \sum_{j=1}^{n} c_{ij}y_j - \sum_{i=1}^{m}\sum_{j=1}^{n} c_{ij}x_i y_j\right)}{1 + \sum_{i=1}^{m}\max\left(0, \sum_{j=1}^{n} c_{ij}y_j - \sum_{i=1}^{m}\sum_{j=1}^{n} c_{ij}x_i y_j\right)},\quad i = 1,\cdots,m;$$

$$y_j' = \frac{y_j + \max\left(0, \sum_{i=1}^{m} d_{ij}x_i - \sum_{i=1}^{m}\sum_{j=1}^{n} d_{ij}x_i y_j\right)}{1 + \sum_{j=1}^{n}\max\left(0, \sum_{i=1}^{m} d_{ij}x_i - \sum_{i=1}^{m}\sum_{j=1}^{n} d_{ij}x_i y_j\right)},\quad j = 1,\cdots,n.$$

容易验证: $x_i' \geqslant 0$, $i = 1,\cdots,m$, $\sum_{i=1}^{m} x_i' = 1$; $y_j' \geqslant 0$, $j = 1,\cdots,n$, $\sum_{j=1}^{n} y_j' = 1$, 从而有 $x' \in (x_1',\cdots,x_m') \in X$, $y' \in (y_1',\cdots,y_n') \in Y$, $f(x,y) = (x',y') \in X\times Y = C$.

显然, 映射 $f: C\to C$ 连续, 由 Brouwer 不动点定理, 存在 $(x^*, y^*) \in X\times Y = C$, 使 $f(x^*, y^*) = (x^*, y^*)$, 即

$$x_i^* = \frac{x_i^* + \max\left(0, \sum_{j=1}^{n} c_{ij}y_j^* - \sum_{i=1}^{m}\sum_{j=1}^{n} c_{ij}x_i^* y_j^*\right)}{1 + \sum_{i=1}^{m}\max\left(0, \sum_{j=1}^{n} c_{ij}y_j^* - \sum_{i=1}^{m}\sum_{j=1}^{n} c_{ij}x_i^* y_j^*\right)},\quad i = 1,\cdots,m;$$

$$y_j^* = \frac{y_j^* + \max\left(0, \sum_{i=1}^m d_{ij}x_i^* - \sum_{i=1}^m\sum_{j=1}^n d_{ij}x_i^*y_j^*\right)}{1 + \sum_{j=1}^n \max\left(0, \sum_{i=1}^m d_{ij}x_i^* - \sum_{i=1}^m\sum_{j=1}^n d_{ij}x_i^*y_j^*\right)}, \quad j = 1, \cdots, n.$$

令 $I(x^*) = \{i : x_i^* > 0\}$, 因 $x_i^* \geqslant 0$, $i = 1, \cdots, m$, 且 $\sum_{i=1}^m x_i^* = 1$, 故 $I(x^*) \neq \varnothing$.

如果 $\forall i \in I(x^*)$, 都有 $\max\left(0, \sum_{j=1}^n c_{ij}y_j^* - \sum_{i=1}^m\sum_{j=1}^n c_{ij}x_i^*y_j^*\right) > 0$, 则

$$\sum_{j=1}^n c_{ij}y_j^* > \sum_{i=1}^m\sum_{j=1}^n c_{ij}x_i^*y_j^*, \quad x_i^*\sum_{j=1}^n c_{ij}y_j^* > x_i^*\sum_{i=1}^m\sum_{j=1}^n c_{ij}x_i^*y_j^*.$$

注意到当 $i \notin I(x^*)$, 即 $x_i^* = 0$ 时也有 $x_i^*\sum_{j=1}^n c_{ij}y_j^* = x_i^*\sum_{i=1}^m\sum_{j=1}^n c_{ij}x_i^*y_j^*$.

对所有 i 求和, 因 $\sum_{i=1}^m x_i^* = 1$, 得

$$\sum_{i=1}^m\sum_{j=1}^n c_{ij}x_i^*y_j^* > \sum_{i=1}^m\sum_{j=1}^n c_{ij}x_i^*y_j^*,$$

矛盾, 故存在某 $i \in I(x^*)$, 使 $\max\left(0, \sum_{j=1}^n c_{ij}y_j^* - \sum_{i=1}^m\sum_{j=1}^n c_{ij}x_i^*y_j^*\right) = 0$, 对此 i, 有

$$x_i^* + x_i^*\sum_{i=1}^m \max\left(0, \sum_{j=1}^n c_{ij}y_j^* - \sum_{i=1}^m\sum_{j=1}^n c_{ij}x_i^*y_j^*\right) = x_i^*,$$

因 $x_i^* > 0$, 故

$$\sum_{i=1}^m \max\left(0, \sum_{j=1}^n c_{ij}y_j^* - \sum_{i=1}^m\sum_{j=1}^n c_{ij}x_i^*y_j^*\right) = 0.$$

$\forall i = 1, \cdots, m$, 有

$$\max\left(0, \sum_{j=1}^n c_{ij}y_j^* - \sum_{i=1}^m\sum_{j=1}^n c_{ij}x_i^*y_j^*\right) = 0,$$

从而有

$$\sum_{i=1}^{m}\sum_{j=1}^{n}c_{ij}x_i^*y_j^* \geqslant \sum_{j=1}^{n}c_{ij}y_j^*, \quad i=1,\cdots,m.$$

$\forall x=(x_1,\cdots,x_m)\in X, \quad \forall i=1,\cdots,m$, 因

$$x_i\sum_{i=1}^{m}\sum_{j=1}^{n}c_{ij}x_i^*y_j^* \geqslant x_i\sum_{j=1}^{n}c_{ij}y_j^* = \sum_{j=1}^{n}c_{ij}x_iy_j^*,$$

对所有 i 求和, 得

$$\sum_{i=1}^{m}\sum_{j=1}^{n}c_{ij}x_i^*y_j^* \geqslant \sum_{i=1}^{m}\sum_{j=1}^{n}c_{ij}x_iy_j^*.$$

最后有

$$\sum_{i=1}^{m}\sum_{j=1}^{n}c_{ij}x_i^*y_j^* = \max_{x\in X}\sum_{i=1}^{m}\sum_{j=1}^{n}c_{ij}x_iy_j^*.$$

同样地, 有

$$\sum_{i=1}^{m}\sum_{j=1}^{n}d_{ij}x_i^*y_j^* = \max_{y\in Y}\sum_{i=1}^{m}\sum_{j=1}^{n}d_{ij}x_i^*y_j,$$

(x^*,y^*) 就是此双矩阵博弈的 Nash 平衡点.

注 3.1.1 无论是矩阵博弈还是双矩阵博弈, 平衡点存在, 这是肯定的, 但是没有唯一性的结论, 因为矩阵博弈和双矩阵博弈的平衡点一般都不是唯一的.

3.2 n 人非合作有限博弈

以下 n 人非合作有限博弈的模型是由 Nash 提出的, 见文献 [26, 27].

设 $N=\{1,\cdots,n\}$ 是局中人的集合, $\forall i\in N$, 局中人 i 的纯策略集是有限集 $S_i=\{s_{i1},\cdots,s_{im_i}\}$, 混合策略集是 $X_i=\left\{x_i=(x_{i1},\cdots,x_{im_i}):x_{ik_i}\geqslant 0,\right.$ $\left.k_i=1,\cdots,m_i,\sum_{k_i=1}^{m_i}x_{ik_i}=1\right\}$, 当每个局中人 i 选择纯策略 $s_{ik}\in S_i$ 时, $i=1,\cdots,n$, 局中人 i 得到的支付为实数 $R_i(s_{1k_1},\cdots,s_{nk_n})$. 记 $X=\prod_{i=1}^{n}X_i$, $\forall x=(x_1,\cdots,x_n)\in X$, 当每个局中人 i 选择混合策略 $x_i=(x_{i1},\cdots,x_{im_i})\in X_i$(即局中人 i 以概率 x_{i1}

选择纯策略 $s_{i1},\cdots$, 以概率 x_{im_i} 选择纯策略 s_{im_i}) 时, $i=1,\cdots,n$, 并假定他们的选择是独立的, 则局中人 i 得到的期望支付为实数

$$f_i\left(x_1,\cdots,x_n\right)=\sum_{k_1=1}^{m_1}\cdots\sum_{k_n=1}^{m_n}R_i\left(s_{1k_1},\cdots,s_{nk_n}\right)\prod_{i=1}^{n}x_{ik_i}.$$

$\forall i\in N$, 记 $\hat{i}=N\setminus\{i\}$(有些文献记 $-i=N\setminus\{i\}$), $f_i\left(x_1,\cdots,x_n\right)=f_i\left(x_i,x_{\hat{i}}\right)$. 每个局中人都是理性的, 都希望自己能获得最大的利益. 因此, 如果存在 $x^*=(x_1^*,\cdots,x_n^*)\in X$, 使 $\forall i\in N$, 有

$$f_i\left(x_i^*,x_{\hat{i}}^*\right)=\max_{u_i\in X_i}f_i\left(u_i,x_{\hat{i}}^*\right),$$

则称 x^* 为此 n 人非合作有限博弈的 Nash 平衡点, 此时每个局中人都不能通过单独改变自己的策略而使自己获得更大的利益.

显然, 双矩阵博弈是 n 人非合作有限博弈的特例, 而这里之所以称为 n 人非合作有限博弈, 是因为每个局中人的纯策略集都是有限集且都考虑混合策略集.

定理 3.2.1　n 人非合作有限博弈必存在 Nash 平衡点.

这是 Nash 的主要贡献, 本讲不准备证明它, 第 4 讲将对更加一般的 n 人非合作博弈来给出 Nash 平衡点的存在性定理. 注意到对于 n 人非合作有限博弈来说, $\forall i\in N$, 混合策略集 X_i 是 R^{m_i} 中的非空有界闭凸集, 局中人 i 的支付函数 $f_i\left(x_i,x_{\hat{i}}\right)$ 在 X 上连续, 且 $\forall x_{\hat{i}}\in X_{\hat{i}}$, $u_i\to f_i\left(u_i,x_{\hat{i}}\right)$ 在 X_i 上是凹的.

第 4 讲　n 人非合作博弈

本讲将介绍比 n 人非合作有限博弈更加一般的 n 人非合作博弈, 将给出三组 Nash 平衡点存在的充分必要条件, 并给出多个 Nash 平衡点的存在性定理, 此外, 对两人零和博弈的鞍点和策略集无界的情况下的 Nash 平衡点也给出了存在性定理, 尤其是对 Cournot 博弈、公共地悲剧问题以及轻微利他平衡点的存在性, 都作了比较细致的论述, 主要参考了文献 [11, 12, 28, 29].

4.1　n 人非合作博弈 Nash 平衡点的存在性

设 $N=\{1,\cdots,n\}$ 是局中人的集合, $\forall i\in N$, 设 X_i 是局中人 i 的策略集, 它是 R^{k_i} 中的非空集合, $X=\prod_{i=1}^{n}X_i$, 当局中人 i 选择策略 $x_i\in X_i$ 时, $i=1,\cdots,n$, 局中人 i 得到的支付为 $f_i(x_1,\cdots,x_n)$.

$\forall i\in N$, 记 $\hat{i}=N\backslash\{i\}, X_{\hat{i}}=\prod_{j\neq i}X_j, f_i(x_1,\cdots,x_n)=f_i(x_i,x_{\hat{i}})$, 其中 $x_{\hat{i}}\in X_{\hat{i}}$. 如果存在 $x^*=(x_1^*,\cdots,x_n^*)\in X$, 使 $\forall i\in N$, 有

$$f_i\left(x_i^*,x_{\hat{i}}^*\right)=\max_{u_i\in X_i}f_i\left(u_i,x_{\hat{i}}^*\right),$$

则称 x^* 为此 n 人非合作博弈的 Nash 平衡点. 在平衡点处, 每个局中人都不能通过单独改变自己的策略而使自己获得更大的利益. 显然, n 人非合作有限博弈 (包括双矩阵博弈) 是其特例.

如果 $N=\{1,2\}$, $X_1=X$, $X_2=Y$, $f_1=f$, $f_2=-f$(即 $f_1+f_2=0$), 此博弈即为第 2 讲中介绍的两人零和博弈 (包括矩阵博弈), 它也是 n 人非合作博弈的特例.

注 4.1.1　我们已多次强调, 在平衡点处, 每个局中人都不能通过单独改变自己的策略而使自己获得更大的利益, 这是正确的. 但是如果所有 (或部分) 局中人都改变自己的策略呢? 能使他们都获得更大的利益吗? 答案是可能的, 可见著名的囚徒难题.

以下给出三组 Nash 平衡点存在的充分必要条件, 并给出多个 Nash 平衡点的存在性定理. $\forall i \in N$, 定义集值映射 $F_i : X_{\hat{i}} \to P_0(X_i)$ 如下: $\forall x_{\hat{i}} \in X_{\hat{i}}$,

$$F_i(x_{\hat{i}}) = \left\{ w_i \in X_i : f_i(w_i, x_{\hat{i}}) = \max_{u_i \in X_i} f_i(u_i, x_{\hat{i}}) \right\},$$

$F_i(x_{\hat{i}})$ 是当除局中人 i 之外的其他 $n-1$ 个局中人选取策略 $x_{\hat{i}} \in X_{\hat{i}}$ 时, 局中人 i 的最佳回应. $\forall x \in X$, 定义集值映射 $F : X \to P_0(X)$ 如下: $\forall x = (x_1, \cdots, x_n) \in X$,

$$F(x) = \prod_{i=1}^{n} F_i(x_{\hat{i}}),$$

集值映射 $F : X \to P_0(X)$ 称为此 n 人非合作博弈的最佳回应映射.

定理 4.1.1 $x^* \in X$ 是非合作博弈的 Nash 平衡点的充分必要条件为 $x^* \in X$ 是最佳回应映射 $F : X \to P_0(X)$ 的不动点.

证明 充分性. 设 $x^* = (x_1^*, \cdots, x_n^*) \in X$ 是最佳回应映射 F 的不动点, 即 $x^* \in F(x^*)$, 则 $\forall i \in N$, 有 $x_i^* \in F_i\left(x_{\hat{i}}^*\right)$, 从而有

$$f_i\left(x_i^*, x_{\hat{i}}^*\right) = \max_{u_i \in X_i} f_i\left(u_i, x_{\hat{i}}^*\right),$$

x_i^* 必是非合作博弈的 Nash 平衡点.

必要性. 设 $x^* = (x_1^*, \cdots, x_n^*) \in X$ 是非合作博弈的 Nash 平衡点, 则 $\forall i \in N$, 有

$$f_i\left(x_i^*, x_{\hat{i}}^*\right) = \max_{u_i \in X_i} f_i\left(u_i, x_{\hat{i}}^*\right),$$

故 $x_i^* \in F_i\left(x_{\hat{i}}^*\right)$, $x^* \in F(x^*)$, x^* 必是最佳回应映射 F 的不动点.

定理 4.1.2 $\forall i \in N$, 设 X_i 是 R^{k_i} 中的非空有界闭凸集, $X = \prod_{i=1}^{n} X_i$, $f_i : X \to R$ 连续, 且 $\forall x_{\hat{i}} \in X_{\hat{i}}$, $u_i \to f_i(u_i, x_{\hat{i}})$ 在 X_i 上是拟凹的, 则非合作博弈的 Nash 平衡点必存在.

证明 首先, $X = \prod_{i=1}^{n} X_i$ 必是 R^k 中的非空有界闭凸集, 其中 $k = k_1 + \cdots + k_n$.

$$\forall i \in N, \quad \forall x_{\hat{i}} \in X_{\hat{i}},$$

$$F_i(x_{\hat{i}}) = \left\{ w_i \in X_i : f_i(w_i, x_{\hat{i}}) = \max_{u_i \in X_i} f_i(u_i, x_{\hat{i}}) \right\}.$$

因 f_i 连续, 当 $x_{\hat{i}}$ 固定时, $u_i \to f_i(u_i, x_{\hat{i}})$ 连续, 又 X_i 是 R^{k_i} 中的有界闭集, 故 $F_i(x_{\hat{i}}) \neq \varnothing$. 又 X_i 有界, $F_i(x_{\hat{i}})$ 必有界, 以下证明它是闭凸集.

记 $\max\limits_{u_i \in X_i} f_i(u_i, x_{\hat{i}}) = c$, $\forall w_i^m \in F_i(x_{\hat{i}})$,$w_i^m \to w_i$, 则 $w_i^m \in X_i$, 因 X_i 是闭集, 故 $w_i \in X_i$, 又 $f_i(w_i^m, x_{\hat{i}}) = c$, 因 f_i 连续, 故 $f_i(w_i, x_{\hat{i}}) = c$, $w_i \in F_i(x_{\hat{i}})$, $F_i(x_{\hat{i}})$ 必是闭集. 又 $\forall w_i^1, w_i^2 \in F_i(x_{\hat{i}})$, $\forall \lambda \in (0,1)$, 因 $w_i^1, w_i^2 \in X_i$, X_i 是凸集, 故 $\lambda w_i^1 + (1-\lambda) w_i^2 \in X_i$, $f\left(\lambda w_i^1 + (1-\lambda) w_i^2, x_{\hat{i}}\right) \leqslant c$, 又 $f_i\left(w_i^1, x_{\hat{i}}\right) = f_i\left(w_i^2, x_{\hat{i}}\right) = c$, 当 $x_{\hat{i}}$ 固定时, $u_i \to f_i(u_i, x_{\hat{i}})$ 在 X_i 上是拟凹的, 故

$$f\left(\lambda w_i^1 + (1-\lambda) w_i^2, x_{\hat{i}}\right) \geqslant \min\left\{f_i\left(w_i^1, x_{\hat{i}}\right), f_i\left(w_i^2, x_{\hat{i}}\right)\right\} = c,$$

故 $f\left(\lambda w_i^1 + (1-\lambda) w_i^2, x_{\hat{i}}\right) = c$, $\lambda w_i^1 + (1-\lambda) w_i^2 \in F_i(x_{\hat{i}})$, $F_i(x_{\hat{i}})$ 必是凸集.

$\forall i \in N, F_i(x_{\hat{i}})$ 是 R^{k_i} 中的非空有界闭凸集, 因 $F(x) = \prod\limits_{i=1}^{n} F_i(x_{\hat{i}})$, 它必是 R^k 中的非空有界闭凸集, 其中 $k = k_1 + \cdots + k_n$.

$\forall i \in N$, 因 $f_i(u_i, x_{\hat{i}})$ 连续, 而 X_i 是有界闭集, $\forall x_{\hat{i}} \in X_{\hat{i}}$, 由 $G_i(x_{\hat{i}}) = X_i$ 定义的集值映射必是连续的, 且 X_i 是有界闭集, 由极大值定理 (定理 1.3.7(3)), 集值映射 $F_i : X_{\hat{i}} \to P_0(X_i)$ 必是上半连续的.

$\forall x \in X$, 因 $F(x) = \prod\limits_{i=1}^{n} F_i(x_{\hat{i}})$, 由引理 1.3.6, 最佳回应映射 $F : X \to P_0(X)$ 在上必是上半连续的.

这样, 由 Kakutani 不动点定理, 存在 $x^* \in X$, 使 $x^* \in F(x^*)$. 由定理 4.1.1, x^* 必是非合作博弈的 Nash 平衡点.

系 4.1.1 n 人非合作有限博弈必存在 Nash 平衡点.

证明 第 3 讲中已指出对于 n 人非合作有限博弈来说, $\forall i \in N$, 局中人 i 的策略集 X_i 是 R^{m_i} 中的非空有界闭凸集, 支付函数 $f_i(x_i, x_{\hat{i}})$ 在 X 上连续, 且 $\forall x_{\hat{i}} \in X_{\hat{i}}$, $u_i \to f_i(u_i, x_{\hat{i}})$ 在 X_i 上是凹的, 故由定理 4.1.2 即推得其 Nash 平衡点必存在.

以下应用 Ky Fan 不等式来给出 Nash 平衡点存在的充分必要条件.

$\forall x = (x_1, \cdots, x_n) \in X, \forall y = (y_1, \cdots, y_n) \in X$, 定义

$$\phi(x, y) = \sum_{i=1}^{n} [f_i(y_i, x_{\hat{i}}) - f_i(x_i, x_{\hat{i}})],$$

$\phi: X\times X\to R$ 在一些文献中称为 Nikaido-Isoda 函数, 因为它首先出现在文献 [30] 中.

定理 4.1.3　$x^*\in X$ 是非合作博弈 Nash 平衡点的充分必要条件为 $x^*\in X$ 是函数 ϕ 在 X 中的 Ky Fan 点.

证明　充分性. 设 $x^*=(x_1^*,\cdots,x_n^*)\in X$ 是函数 ϕ 在 X 中的 Ky Fan 点, 即 $\forall y=(y_1,\cdots,y_n)\in X$, 有

$$\phi(x^*,y)=\sum_{i=1}^{n}\left[f_i\left(y_i,x_{\hat{i}}^*\right)-f_i\left(x_i^*,x_{\hat{i}}^*\right)\right]\leqslant 0.$$

$\forall i\in N,\quad \forall u_i\in X_i$, 令 $\bar{y}=\left(u_i,x_{\hat{i}}^*\right)$, 则 $\bar{y}\in X$, 且

$$\phi(x^*,\bar{y})=f_i\left(u_i,x_{\hat{i}}^*\right)-f_i\left(x_i^*,x_{\hat{i}}^*\right)\leqslant 0,$$

因 $x_i^*\in X_i$, 得

$$f_i\left(x_i^*,x_{\hat{i}}^*\right)=\max_{u_i\in X_i}f_i\left(u_i,x_{\hat{i}}^*\right),$$

x^* 必是非合作博弈的 Nash 平衡点.

必要性. 设 $x^*=(x_1^*,\cdots,x_n^*)\in X$ 是非合作博弈的 Nash 平衡点, 即 $\forall i\in N$, $\forall y_i\in X_i$, 有 $f_i\left(x_i^*,x_{\hat{i}}^*\right)\geqslant f_i\left(y_i,x_{\hat{i}}^*\right)$, 故 $\forall y=(y_1,\cdots,y_n)\in X$, 有

$$\phi(x^*,y)=\sum_{i=1}^{n}\left[f_i\left(y_i,x_{\hat{i}}^*\right)-f_i\left(x_i^*,x_{\hat{i}}^*\right)\right]\leqslant 0,$$

x^* 必是函数 φ 在 X 中的 Ky Fan 点.

定理 4.1.4　$\forall i\in N$, 设 X_i 是 R^{k_i} 中的非空有界闭凸集, $X=\prod_{i=1}^{n}X_i$, $f_i: X\to R$ 满足

(1) $\sum_{i=1}^{n}f_i$ 在 X 上是上半连续的;

(2) $\forall y_i\in X_i$, $x_{\hat{i}}\to f_i\left(y_i,x_{\hat{i}}\right)$ 在 $X_{\hat{i}}$ 上是下半连续的;

(3) $\forall x_{\hat{i}}\in X_{\hat{i}}$, $y_i\to f_i\left(y_i,x_{\hat{i}}\right)$ 在 X_i 上是凹的.

则非合作博弈的 Nash 平衡点必存在.

证明 $\forall x=(x_1,\cdots,x_n)\in X, \forall y=(y_1,\cdots,y_n)\in X$, 定义

$$\phi(x,y) = \sum_{i=1}^{n}[f_i(y_i,x_{\hat{i}})-f_i(x_i,x_{\hat{i}})].$$

容易验证:

$\forall y\in X, x\to\varphi(x,y)$ 在 X 上是下半连续的;

$\forall x\in X, y\to\varphi(x,y)$ 在 X 上是凹的;

$$\forall x\in X,\quad \varphi(x,x)=0.$$

由 Ky Fan 不等式, 存在 $x^*\in X$, 使 x^* 是函数 ϕ 在 X 中的 Ky Fan 点. 再由定理 4.1.3, x^* 必是非合作博弈的 Nash 平衡点.

以下将应用变分不等式来给出 Nash 平衡点存在的第三组充分必要条件, 这需要两个引理.

引理 4.1.1 设 X 是 R^m 中的一个非空闭凸集, $f:X\to R$ 是一个连续可微的凸函数, 则 $\forall x,y\in X$, 有

$$f(y)\geqslant f(x)+\langle\nabla f(x),y-x\rangle,$$

其中 $\nabla f(x)=\left(\dfrac{\partial f(x)}{\partial x_1},\cdots,\dfrac{\partial f(x)}{\partial x_n}\right)$.

证明 $\forall\lambda\in(0,1)$, 因 X 是凸集, $x+\lambda(y-x)=\lambda y+(1-\lambda)x\in X$, 因 f 是凸函数, 故

$$f(x+\lambda(y-x))=f(\lambda y+(1-\lambda)x)\leqslant\lambda f(y)+(1-\lambda)f(x),$$

化简, 得

$$\frac{f(x+\lambda(y-x))-f(x)}{\lambda}\leqslant f(y)-f(x).$$

由中值定理, 有

$$\langle\nabla f(x+\theta_\lambda\lambda(y-x)),y-x\rangle\leqslant f(y)-f(x),$$

其中 $\theta_\lambda \in (0,1)$. 令 $\lambda \to 0$, 因 f 是连续可微的, $\nabla f(x+\theta_\lambda\lambda(y-x)) \to \nabla f(x)$, 得

$$f(y) \geqslant f(x) + \langle \nabla f(x), y-x \rangle.$$

引理 4.1.2　设 X 是 R^m 中一个非空闭凸集, $f: X \to R$ 是一个连续可微的凸函数, $x^* \in X$, 则 $f(x^*) = \min\limits_{y\in X} f(y)$ 的充分必要条件是以下变分不等式成立: $\forall y \in X$, 有

$$\langle \nabla f(x^*), y-x^* \rangle \geqslant 0.$$

证明　充分性. 因 f 是 X 上的连续可微凸函数, $x^* \in X$, 由引理 4.1.1, $\forall y \in X$, 有

$$f(y) \geqslant f(x^*) + \langle \nabla f(x^*), y-x^* \rangle \geqslant f(x^*),$$

即 $f(x^*) = \min\limits_{y\in X} f(y)$.

必要性. $\forall y \in X, \forall\lambda \in (0,1)$, 因 X 是凸集, $x^*+\lambda(y-x^*) = \lambda y+(1-\lambda)x^* \in X$, 由中值定理, 注意到 $f(x^*+\lambda(y-x^*)) \geqslant f(x^*)$, 有

$$f(x^*+\lambda(y-x^*)) - f(x^*) = \lambda\langle \nabla f(x^*+\theta_\lambda\lambda(y-x^*)), y-x^* \rangle \geqslant 0,$$

其中 $\theta_\lambda \in (0,1)$. 因 $\lambda > 0$, 有

$$\langle \nabla f(x^*+\theta_\lambda\lambda(y-x^*)), y-x^* \rangle \geqslant 0.$$

令 $\lambda \to 0$, 因 f 是连续可微的, 得 $\forall y \in X$, 有

$$\langle \nabla f(x^*), y-x^* \rangle \geqslant 0.$$

与博弈论不同, 在最优化理论中一般对成本函数 (cost function) 求最小值, 而不是对支付函数 (payoff function) 求最大值. 我们也可以如此定义 Nash 平衡点: 求 $x^* = (x_1^*, \cdots, x_n^*) \in X$, 使 $\forall i \in N$, 有

$$f_i(x_i^*, x_{\hat{i}}^*) = \min_{u_i\in X_i} f_i(u_i, x_{\hat{i}}^*),$$

其中 $\forall i \in N$, 局中人 i 的成本函数是 $f_i: X \to R$.

定理 4.1.5 $\forall i \in N$, 设 X_i 是 R^{m_i} 中的一个非空闭凸集, $X=\prod\limits_{i=1}^{n} X_i$, $f_i: X \to R$ 连续可微, 且 $\forall x_{\hat{i}} \in X_{\hat{i}}$, $u_i \to f_i\left(u_i, x_{\hat{i}}\right)$ 在 X_i 上是凸的, 则 $x^*=\left(x_1^*, \cdots, x_n^*\right) \in X$ 是非合作博弈的 Nash 平衡点的充分必要条件为 $x^* \in X$ 是以下变分不等式的解, 即 $\forall y \in X$, 有

$$
\left\langle F\left(x^*\right), y-x^*\right\rangle \geqslant 0,
$$

其中 $F\left(x^*\right)=\left(\nabla_{x_1} f_1\left(x^*\right), \cdots, \nabla_{x_n} f_n\left(x^*\right)\right) \in R^m$, $m=\sum\limits_{i=1}^{n} m_i$.

证明 充分性. $\forall i \in N$, $\forall y_i \in X_i$, 令 $\bar{y}=\left(y_i, x_{\hat{i}}^*\right)$, 则 $\bar{y} \in X$, 因

$$
\left\langle \nabla_{x_i} f_i\left(x^*\right), y_i-x_i^*\right\rangle=\left\langle F\left(x^*\right), \bar{y}-x^*\right\rangle \geqslant 0,
$$

由引理 4.1.2, 有

$$
f_i\left(x_i^*, x_{\hat{i}}^*\right)=\min_{u_i \in X_i} f_i\left(u_i, x_{\hat{i}}^*\right),
$$

即 $x^* \in X$ 是非合作博弈的 Nash 平衡点.

必要性. 设 $x^*=\left(x_1^*, \cdots, x_n^*\right) \in X$ 是非合作博弈的 Nash 平衡点, 即 $\forall i \in N$, 有 $f_i\left(x_i^*, x_{\hat{i}}^*\right)=\min\limits_{u_i \in X_i} f_i\left(u_i, x_{\hat{i}}^*\right)$. 由引理 4.1.2, $\forall y_i \in X_i$, 有

$$
\left\langle \nabla_{x_i} f_i\left(x^*\right), y_i-x_i^*\right\rangle \geqslant 0,
$$

从而 $\forall y=\left(y_1, \cdots, y_n\right) \in X$, 有

$$
\left\langle F\left(x^*\right), y-x^*\right\rangle=\sum_{i=1}^{n}\left\langle \nabla_{x_i} f_i\left(x^*\right), y_i-x_i^*\right\rangle \geqslant 0.
$$

4.2 鞍点的存在性

由定理 4.1.2, 即可直接得到以下两人零和博弈鞍点的存在性定理.

定理 4.2.1 如果 X 和 Y 分别是 R^m 和 R^n 中的非空有界闭凸集, $f: X \times X \to R$ 连续, 且 $\forall y \in X$, $x \to f(x, y)$ 在 X 上是拟凹的, $\forall x \in X$, $y \to f(x, y)$ 在 Y 上是拟凸的, 则两人零和博弈的鞍点必存在.

证明 令 $f_1(x,y)=f(x,y)$, $f_2(x,y)=-f(x,y)$, 则定理 4.1.2 的假设条件全成立, 存在 $x^*\in X$, $y^*\in Y$, 使

$$f(x^*,y^*)=\max_{x\in X} f(x,y^*),$$

$$-f(x^*,y^*)=\max_{y\in Y}[-f(x^*,y)]=-\min_{y\in Y} f(x^*,y),$$

即 $f(x^*,y^*)=\min\limits_{y\in Y} f(x^*,y)$, 从而 $\forall x\in X$, $\forall y\in Y$, 有

$$f(x,y^*)\leqslant f(x^*,y^*)\leqslant f(x^*,y),$$

两人零和博弈的鞍点必存在.

定理 4.2.1 中 f 在 $X\times Y$ 中连续性条件可减弱而使鞍点存在性定理仍成立, 见文献 [31].

定理 4.2.2 设 X 和 Y 分别是 R^m 和 R^n 中的非空有界闭凸集, $f:X\times Y\to R$ 满足

(1)$\forall x\in X$, $y\to f(x,y)$ 在 Y 上是下半连续和拟凸的;

(2)$\forall y\in Y$, $x\to f(x,y)$ 在 X 上是上半连续和拟凹的.

则

$$\max_{x\in X}\min_{y\in Y} f(x,y)=\min_{y\in Y}\max_{x\in X} f(x,y).$$

证明 首先说明 $\max\limits_{x\in X}\min\limits_{y\in Y} f(x,y)$ 存在. 因 Y 是 R^n 中的有界闭集, $\forall x\in X$, $y\to f(x,y)$ 在 Y 上是下半连续的, 故 $\min\limits_{y\in Y} f(x,y)$ 存在. 以下说明 $x\to\min\limits_{y\in Y} f(x,y)$ 在 X 上是上半连续的, 再因 X 是 R^m 中的有界闭集, 从而 $\max\limits_{x\in X}\min\limits_{y\in Y} f(x,y)$ 存在. 事实上, $\forall c\in R$,

$$\left\{x\in X:\min_{y\in Y} f(x,y)\geqslant c\right\}=\bigcap_{y\in Y}\{x\in X: f(x,y)\geqslant c\},$$

$\forall y\in Y$, 因 $x\to f(x,y)$ 在 X 上是上半连续的, 由引理 1.1.1(1), $\{x\in X: f(x,y)\geqslant c\}$ 是 X 中的闭集, 故 $\left\{x\in X:\min\limits_{y\in Y} f(x,y)\geqslant c\right\}$ 是 X 中的闭集, 再由引理 1.1.1(1), $\min\limits_{y\in Y} f(x,y)$ 在 X 上必是上半连续的.

同样地, $\min\limits_{y\in Y}\max\limits_{x\in X} f(x,y)$ 也存在.

$\forall x\in X, \forall y\in Y$, 由

$$\min_{y\in Y} f(x,y) \leqslant f(x,y) \leqslant \max_{x\in X} f(x,y),$$

得

$$\max_{x\in X}\min_{y\in Y} f(x,y) \leqslant \min_{y\in Y}\max_{x\in X} f(x,y).$$

以下证明 $\max\limits_{x\in X}\min\limits_{y\in Y} f(x,y) < \min\limits_{y\in Y}\max\limits_{x\in X} f(x,y)$ 是不可能的. 用反证法, 如果结论不成立, 即以上不等式成立, 则存在 $r\in R$, 使

$$\max_{x\in X}\min_{y\in Y} f(x,y) < r < \min_{y\in Y}\max_{x\in X} f(x,y).$$

令 $C = X\times Y$, 这是 R^{m+n} 中的非空有界闭凸集.

$\forall x\in X$, 令 $F_1(x) = \{y\in Y : f(x,y) < r\}$, 则 $F_1(x)\neq\varnothing$, 且因 $\forall x\in X, y\to f(x,y)$ 在 Y 中是拟凸的, 由定理 1.2.5 及注 1.2.4, $F_1(x)$ 是凸集.

$\forall y\in Y$, 令 $F_2(y) = \{x\in X : f(x,y) > r\}$, 则 $F_2(y)\neq\varnothing$, 且同上, 易知 $F_2(y)$ 必是凸集.

现在定义集值映射 $F: C\to P_0(C)$ 如下: $\forall u = (x,y)\in C$,

$$F(u) = F_2(y)\times F_1(x)\subset X\times Y = C,$$

$F(u)$ 必是非空凸集.

$\forall v = (x', y')\in C$,

$$\begin{aligned} F^{-1}(v) &= \{(x,y)\in C : v = (x',y')\in F(u) = F_2(y)\times F_1(x)\} \\ &= \{(x,y)\in C : x'\in F_2(y), y'\in F_1(x)\} \\ &= \{(x,y)\in C : f(x',y) > r, f(x,y') < r\} \\ &= \{x\in X : f(x,y') < r\}\times\{y\in Y, f(x',y) > r\}, \end{aligned}$$

由引理 1.1.1 和注 1.1.1, $\{x\in X : f(x,y') < r\}$ 和 $\{y\in Y, f(x',y) > r\}$ 都是开集, 从而 $F^{-1}(v)$ 必是开集.

由 Fan-Browder 不动点定理 (定理 1.4.5), 存在 $u^* = (x^*, y^*) \in C$, 使 $u^* \in F(u^*) = F_2(y^*) \times F_1(x^*)$. 由 $x^* \in F_2(y^*)$, 得 $f(x^*, y^*) > r$, 由 $y^* \in F_1(x^*)$, 得 $f(x^*, y^*) < r$, 矛盾.

记 $\max\limits_{x \in X} \min\limits_{y \in Y} f(x, y) = \min\limits_{y \in Y} \max\limits_{x \in X} f(x, y) = v$, 则存在 $x^* \in X$, $y^* \in Y$, 使

$$\min_{y \in Y} f(x^*, y) = v = \max_{x \in X} f(x, y^*).$$

$\forall x \in X, \forall y \in Y$, 有

$$f(x, y^*) \leqslant v \leqslant f(x^*, y),$$

在上式中令 $x = x^*$, $y = y^*$, 得 $v = f(x^*, y^*)$,

$$f(x, y^*) \leqslant f(x^*, y^*) \leqslant f(x^*, y),$$

两人零和博弈的鞍点必存在.

4.3 Cournot 博弈

Cournot 的双寡头市场产量决策模型是 Cournot 在 1838 年提出的, 至今仍作为博弈论应用的重要范例. 以下考虑由 n 家企业组成的 Cournot 博弈, 见文献 [32].

设 $N = \{1, \cdots, n\}$ 是 n 家企业的集合 $(n \geqslant 2)$, 这 n 家企业生产同质的产品. $\forall i \in N$, 设第 i 家企业的产量为 q_i, 总产量为 $\sum\limits_{i=1}^{n} q_i$, 而价格 $p = a - b\sum\limits_{i=1}^{n} q_i$, 其中常数 $a > 0$ 理解为产品的最高价格, 常数 $b > 0$ 理解为每生产一个单位产品所导致的价格下跌, 这意味着总产量越高, 价格越低.

对每个企业来说, 每生产一个单位的成本都为 c, 当然要求 $c < a$.

$\forall i \in N$, 第 i 个企业的利润为

$$f_i(q_1, \cdots, q_n) = \left(a - b\sum_{j=1}^{n} q_j\right) q_i - cq_i,$$

每个企业都希望最大化自己的利润, 问题归结为一个 n 人非合作博弈问题:

求 $q_1^*, \cdots, q_n^*$, 使

$$f_i\left(q_i^*, q_{\bar{i}}^*\right) = \max_{q_i} f_i\left(q_i, q_{\bar{i}}^*\right).$$

$\forall i \in N$, 求偏导数, 有

$$\frac{\partial f_i}{\partial q_i} = a - b\sum_{j \neq i} q_j - 2bq_i - c = 0,$$

$$\frac{\partial^2 f_i}{\partial q_i^2} = -2b < 0.$$

求解以上方程组, 得

$$q_1^* = \cdots = q_n^* = \frac{a-c}{(n+1)\,b},$$

且确是最大值, Nash 平衡点为 $\left(\dfrac{a-c}{(n+1)\,b}, \cdots, \dfrac{a-c}{(n+1)\,b}\right)$.

此时每个企业的利润为

$$f_1\left(q_1^*, \cdots, q_n^*\right) = \cdots = f_n\left(q_1^*, \cdots, q_n^*\right) = \frac{(a-c)^2}{(n+1)^2\, b},$$

价格 $p = \dfrac{a+nc}{n+1}$.

如果只有一家企业生产, 即垄断, 设产量是 q, 利润为

$$f(q) = (a - bq)\,q - cq.$$

这家企业当然希望最大化自己的利润, 问题归结为一个最优化问题: 求 q^*, 使

$$f(q^*) = \max_q f(q).$$

求导数, 有

$$f'(q) = a - 2bq - c = 0,$$
$$f''(q) = -2b < 0.$$

解以上方程, 得

$$q^* = \frac{a-c}{2b},$$

且确是最大值.

这家企业的利润

$$f\left(q^{*}\right)=\frac{(a-c)^{2}}{4b},$$

价格 $p=\dfrac{a+c}{2}$.

注意到当 n 家企业竞争时, 总产量为 $\dfrac{n(a-c)}{(n+1)b}$, 总利润为 $\dfrac{n(a-c)^{2}}{(n+1)^{2}b}$, 而当一家企业垄断时, 产量 $\dfrac{a-c}{2b}<\dfrac{n(a-c)}{(n+1)b}$, 利润 $\dfrac{(a-c)^{2}}{4b}>\dfrac{n(a-c)^{2}}{(n+1)^{2}b}$. 这是因为一家企业垄断时的价格 $\dfrac{a+c}{2}$ 大于竞争时的价格 $\dfrac{a+nc}{n+c}$.

由此, 消费者是反对垄断的. 又当 $n\to\infty$, 竞争的价格 $\dfrac{a+nc}{n+c}\to c$, 这表明当生产企业越来越多时, 价格趋于生产成本, 消费者是欢迎竞争的.

当然, 生产企业可能勾结起来, 通过减少产量抬高价格来对付消费者, 但是, 因为此时得到的并非 Nash 平衡点, 每家企业都可以通过单独增加产量而使自己获得更高的利润, 因此他们就需要更深的串谋, 以保证获得高额利润.

4.4 公共地悲剧问题

公共地悲剧问题是由 Hardin 在 1968 年提出的 [33], 至今仍作为博弈论应用的重要范例. 以下论述见文献 [32].

考虑一个有 n 个农户的村庄 $(n\geqslant 2)$, 村庄里有一片每个农户都可以自由放牧的公共场地. 设 $N=\{1,\cdots,n\}$ 是 n 个农户的集合. $\forall i\in N$, 农户 i 养羊只数为 q_i, 总养羊只数为 $\sum\limits_{i=1}^{n}q_i$, 而每只羊的产出为 $a\left(\bar{Q}-\sum\limits_{i=1}^{n}q_i\right)$, 其中常数 $a>0$ 理解为每多养一只羊所导致的收入下跌, $\bar{Q}$ 是总养羊只数的上限, 这意味着总养羊只数越多, 则每多养一只羊所导致的收入下降.

对每个农户来说, 每养一只羊的成本都为 c, 当然要求 $c<a\bar{Q}$.

$\forall i\in N$, 农户 i 的利润为

$$f_i\left(q_1,\cdots,q_n\right)=a\left(\bar{Q}-\sum_{i=1}^{n}q_i\right)q_i-cq_i,$$

每家农户都希望最大化自己的利润, 问题归结为一个 n 人非合作博弈问题:

求 $q_1^*,\cdots,q_n^*$, 使 $\forall i\in N$, 有

$$f_i\left(q_i^*,q_{\bar{i}}^*\right)=\max_{q_i} f_i\left(q_i,q_{\bar{i}}^*\right),$$

$\forall i\in N$, 求偏导数, 有

$$\frac{\partial f_i}{\partial q_i}=a\bar{Q}-a\sum_{j\neq i}q_j-2aq_i-c=0,$$

$$\frac{\partial^2 f_i}{\partial q_i^2}=-2a<0.$$

求解以上方程组, 得

$$q_1^*=\cdots=q_n^*=\frac{a\bar{Q}-c}{(n+1)\,a},$$

且确是最大值, Nash 平衡点为 $\left(\dfrac{a\bar{Q}-c}{(n+1)\,a},\cdots,\dfrac{a\bar{Q}-c}{(n+1)\,a}\right)$.

此时每家农户的利润为

$$f_1\left(q_1^*,\cdots,q_n^*\right)=\cdots=f_n\left(q_1^*,\cdots,q_n^*\right)=\frac{\left(a\bar{Q}-c\right)^2}{(n+1)^2\,a}.$$

如果 n 家农户合作, 即他们的目标完全一致, 养羊总数为 q, 则总利润为

$$f\left(q\right)=a\left(\bar{Q}-q\right)q-cq.$$

求导数, 有

$$f'\left(q\right)=a\bar{Q}-2aq-c=0,$$

$$f''\left(q\right)=-2a<0.$$

解以上方程, 得

$$q^*=\frac{a\bar{Q}-c}{2a},$$

且确是最大值.

每家农户的养羊数为 $\dfrac{a\bar{Q}-c}{2na}$, 总利润为 $\dfrac{\left(a\bar{Q}-c\right)^2}{4na}$.

显然, 有 $\frac{a\bar{Q}-c}{2na} < \frac{a\bar{Q}-c}{(n+1)\,a}$, 而 $\frac{\left(a\bar{Q}-c\right)^2}{4na} > \frac{\left(a\bar{Q}-c\right)^2}{(n+1)^2\,a}$.

这说明如果每家农户把养羊数减少到 $\frac{a\bar{Q}-c}{2na}$, 利润反而更大, 但是此时得到的并非 Nash 平衡点, 每家农户一般不愿这么干, 他们都希望通过单独增加养羊数而使自己获得更高的利润. 由此可见, 这个村庄的公共地被滥用了, 这是悲剧.

公共地悲剧可以通过私有化或政府强行管制的方法来解决, Ostrom 发现也可以通过当事人自治组织管理的方法来解决, 见文献 [34]. Ostrom 于 2009 年获得 Nobel 经济奖, 她也是至今获得 Nobel 经济奖的第一位女性.

4.5 策略集无界情况下 Nash 平衡点的存在性

在 4.1 节中 Nash 平衡点的存在性定理中, 总假定 $\forall i \in N$, X_i 是 R^{k_i} 中的非空有界闭凸集, 以下将给出 X_i 无界情况下 Nash 平衡点的存在性定理. 为此首先给出一个 X 无界情况下 Ky Fan 点的存在性定理.

定理 4.5.1 设 X 是 R^k 中的一个非空无界闭凸集, $\varphi : X \times X \to R$ 满足

(1)$\forall y \in X$, $x \to \varphi(x,y)$ 在 X 上是下半连续的;

(2)$\forall x \in X$, $y \to \varphi(x,y)$ 在 X 上是拟凹的;

(3)$\forall x \in X$, $\phi(x,x) \leqslant 0$;

(4) 对任何 X 中的序列 $\{x^m\}$, 其中 $\|x^m\| \to \infty$, 必存在正整数 m_0 及 $y \in X$, 使 $\|y\| \leqslant \|x^{m_0}\|$, 而 $\phi(x^{m_0},y) > 0$.

则存在 $x^* \in X$, 使 $\forall y \in X$, 有 $\phi(x^*,y) \leqslant 0$.

证明 $\forall m = 1,2,3,\cdots$, 令 $C_m = \{x \in X : \|x\| \leqslant m\}$, 不妨设 $C_m \neq \varnothing$. 因 X 是闭凸集, 故 C_m 必是 X 中的有界闭凸集. 由 Ky Fan 不等式, 存在 $x^m \in X$, 使 $\forall y \in C_m$, 有 $\phi(x^m,y) \leqslant 0$.

如果序列 $\{x^m\}$ 无界, 不妨设 $\|x^m\| \to \infty$(否则取子序列), 由 (4), 存在正整数 m_0 及 $y \in X$, 使 $\|y\| \leqslant \|x^{m_0}\|$, 而 $\phi(x^{m_0},y) > 0$, 这与 $\|y\| \leqslant \|x^{m_0}\| \leqslant m_0$, $y \in C_{m_0}$, $\phi(x^{m_0},y) \leqslant 0$ 矛盾, 故 $\{x^m\}$ 必有界, 存在正整数 M, 使 $\|x^m\| \leqslant M$. 因 C_m 是有界闭集, 不妨设 $x^m \to x^* \in C_M \subset X$. $\forall y \in X$, 存在正整数 K, 使 $y \in C_K$, 当 $m \geqslant K$

时, 因 $C_K \subset C_m, y \in C_m$, 故 $\varphi(x^m, y) \leqslant 0$. 因 $\forall y \in X, x \to \varphi(x,y)$ 在 X 上是下半连续的, 而 $x^m \to x^*$, 由引理 1.1.1(2), 得 $\phi(x^*, y) \leqslant 0$.

定理 4.5.2 $\forall i \in N$, 设 X_i 是 R^{k_i} 中的非空闭凸集, $X = \prod_{i=1}^{n} X_i$, 局中人 i 的支付函数 $f_i : X \to R$ 满足

(1) $\sum_{i=1}^{n} f_i$ 在 X 上是上半连续的;

(2) $\forall y_i \in X_i, x_{\hat{i}} \to f_i(y_i, x_{\hat{i}})$ 在 $X_{\hat{i}}$ 上是下半连续的;

(3) $\forall x_{\hat{i}} \in X_{\hat{i}}, y_i \to f_i(y_i, x_{\hat{i}})$ 在 X_i 上是凹的;

(4) 对任何 X 中的序列 $\{x^m = (x_1^m, \cdots, x_n^m)\}$, 其中 $\|x^m\| = \sum_{i=1}^{n} \|x_i^m\|_i \to \infty$, 这里 $\|x_i^m\|_i$ 表示 x_i^m 在 R^{k_i} 中的范数, 必存在某 $i \in N$, 正整数 m_0 及 $y_i \in X_i$, 使 $\|y_i\|_i \leqslant \|x_i^{m_0}\|_i$, 而 $f_i\left(y_i, x_{\hat{i}}^{m_0}\right) - f_i\left(x_i^{m_0}, x_{\hat{i}}^{m_0}\right) > 0$.

则非合作博弈的 Nash 平衡点必存在.

证明 $\forall x = (x_1, \cdots, x_n) \in X, \forall y = (y_1, \cdots, y_n) \in X$, 定义

$$\varphi(x, y) = \sum_{i=1}^{n} [f_i(y_i, x_{\hat{i}}) - f_i(x_i, x_{\hat{i}})],$$

则容易验证:

$\forall y \in X, \quad x \to \varphi(x, y)$ 在 X 上是下半连续的;

$\forall x \in X, \quad y \to \varphi(x, y)$ 在 X 上是凹的;

$\forall x \in X, \quad \varphi(x, x) = 0.$

对任意 X 中的序列 $\{x^m\}$, 其中 $\|x^m\| \to \infty$, 由 (4), 必存在某 $i \in N$, 正整数 m_0 及 $y_i \in X_i$, 使 $\|y_i\|_i \leqslant \|x_i^{m_0}\|_i$, 而 $f_i\left(y_i, x_{\hat{i}}^{m_0}\right) - f_i\left(x_i^{m_0}, x_{\hat{i}}^{m_0}\right) > 0$. 令 $\bar{y} = \left(y_i, x_{\hat{i}}^{m_0}\right) \in X$, 则 $\|\bar{y}\| \leqslant \|x^{m_0}\|$, 而

$$\phi(x^{m_0}, \bar{y}) = f_i\left(y_i, x_{\hat{i}}^{m_0}\right) - f_i\left(x_i^{m_0}, x_{\hat{i}}^{m_0}\right) > 0.$$

这样, 由定理 4.5.1, 存在 $x^* \in X$, 使 $\forall y \in X$, 有 $\varphi(x^*, y) \leqslant 0$. 再由定理 4.1.3, x^* 必是非合作博弈的 Nash 平衡点.

注 4.5.1　关于策略集无界情况下 Nash 平衡点的存在性研究, 还可见文献 [35, 36].

4.6　轻微利他平衡点的存在性

前面我们多次提及局中人的利益, 这总用他所获得的支付来表示, 每个局中人都有自己独立的价值体系, 不必要求都是自私的, 他追求利益的最大化, 即支付的最大化.

这一节将研究 n 人非合作博弈轻微利他平衡点的存在性, 见文献 [37, 38].

设 $N=\{1,\cdots,n\}$ 是局中人的集合, $\forall i\in N$, X_i 是局中人 i 的策略集, $X=\prod\limits_{i=1}^{n}X_i$, $f_i:X\to R$ 是局中人 i 的支付函数. $\forall\varepsilon>0,\forall i\in N,\forall x\in X$, 定义

$$f_{i\varepsilon}(x)=f_i(x)+\varepsilon\sum_{j\in N\setminus\{i\}}f_j(x),$$

它是依赖于 ε 的博弈中局中人 i 的支付函数, 除了自身利益 $f_i(x)$ 之外, 他还对其他 $n-1$ 个局中人的利益都有所考虑, 即利他的, 当然是轻微的, 因为 ε 一般较小. 如果依赖于 ε 的博弈有平衡点 $x(\varepsilon)\in X$, 且存在 $\varepsilon_k\to 0$, 使 $x(\varepsilon_k)\to x^*$, 则称 x^* 为原博弈的轻微利他平衡点.

定理 4.6.1　$\forall i\in N$, 设 X_i 是 R^{m_i} 中的非空有界闭凸集, $X=\prod\limits_{i=1}^{n}X_i$, $f_i:X\to R$ 连续, 且 $\forall j\in N,\forall x_{\hat{i}}\in X_{\hat{i}}$, $u_i\to f_j(u_i,x_{\hat{i}})$ 在 X_i 上是凹的, 则原博弈的轻微利他平衡点必存在.

证明　$\forall i\in N,\forall\varepsilon>0$, 因 $f_{i\varepsilon}:X\to R$ 连续, 且 $\forall x_{\hat{i}}\in X_{\hat{i}}$, $u_i\to f_{i\varepsilon}(u_i,x_{\hat{i}})$ 在 X_i 上是凹的, 由定理 4.1.2, 存在 $x_\varepsilon=(x_{1\varepsilon},\cdots,x_{n\varepsilon})\in X$, 使 $\forall i\in N$, 有

$$f_{i\varepsilon}(x_{i\varepsilon},x_{\hat{i}\varepsilon})=\max_{u_i\in X_i}f_{i\varepsilon}(u_i,x_{\hat{i}\varepsilon}).$$

因 X 是 R^m 中的有界闭集, 其中 $m=m_1+\cdots+m_n$, 存在 $\varepsilon_k\to 0$, 使 $x(\varepsilon_k)\to x^*\in X$, 以下证明 $x^*=(x_1^*,\cdots,x_n^*)\in X$ 是原博弈的 Nash 平衡点. $\forall i\in N,\forall u_i\in X_i$, 有

$$f_{i\varepsilon_k}(x_{i\varepsilon_k},x_{\hat{i}\varepsilon_k})\geqslant f_{i\varepsilon_k}(u_i,x_{\hat{i}\varepsilon_k}),$$

即

$$f_i\left(x_{i\varepsilon_k}, x_{\hat{i}\varepsilon_k}\right)+\varepsilon_k \sum_{j\in N\backslash\{i\}} f_j\left(x_{i\varepsilon_k}, x_{\hat{i}\varepsilon_k}\right) \geqslant f_i\left(u_i, x_{\hat{i}\varepsilon_k}\right)+\varepsilon_k \sum_{j\in N\backslash\{i\}} f_j\left(u_i, x_{\hat{i}\varepsilon_k}\right).$$

因 $\forall i\in N$, f_i 在 X 上连续, 且 $\varepsilon_k\to 0$, $x\left(\varepsilon_k\right)\to x^*$, 得 $\forall u_i\in X_i$, 有

$$f_i\left(x_i^*, x_{\hat{i}}^*\right) \geqslant f_i\left(u_i, x_{\hat{i}}^*\right),$$

x^* 必是原博弈 Nash 平衡点, 原博弈的轻微利他平衡点必存在.

设 $N=\{1,\cdots,n\}$ 是局中人的集合, $\forall i\in N$, X_i 是局中人 i 的策略集, $X=\prod_{i=1}^n X_i$, $f_i: X\to R$ 是局中人 i 的支付函数. $\forall\varepsilon>0$, $\forall i\in N$, $\forall x\in X$, 定义

$$g_{i\varepsilon}(x)=f_i(x)+\varepsilon \sum_{j\in N\backslash\{i\}} \alpha_{ij} f_j(x),$$

其中 $\sum_{j\in N\backslash\{i\}} \alpha_{ij}=1$, $\alpha_{ij}\geqslant 0$. $g_{i\varepsilon}(x)$ 是依赖于 ε 的博弈中局中人 i 的支付函数, 除了自身利益 $f_i(x)$ 之外, 他还对其他 $n-1$ 个局中人的利益都有程度不同的考虑, 是利他的, 当然是轻微的, 因为 ε 一般较小. 记 $\alpha^i=\left(\alpha_{ij}\right)_{j\neq i}$, $\alpha=\left(\alpha^1,\cdots,\alpha^n\right)$. 如果依赖于 ε 的博弈有平衡点 $x(\varepsilon)\in X$, 且存在 $\varepsilon_k\to 0$, 使 $x\left(\varepsilon_k\right)\to x^*$, 则称 x^* 为原博弈关于权 α 的轻微利他平衡点.

与定理 4.6.1 类同, 可以容易地证明以下定理.

定理 4.6.2 $\forall i\in N$, 设 X_i 是 R^{m_i} 中的非空有界闭凸集, $X=\prod_{i=1}^n X_i$, $f_i: X\to R$ 连续, 且 $\forall j\in N$, $\forall x_{\hat{i}}\in X_{\hat{i}}$, $u_i\to f_j\left(u_i, x_{\hat{i}}\right)$ 在 X_i 上是凹的, 则原博弈关于权 α 的轻微利他平衡点必存在.

第5讲 广义博弈

本讲介绍广义博弈 (或约束博弈), 将给出三组平衡点存在的充分必要条件, 并给出多个平衡点的存在性定理, 主要参考了文献 [11, 12].

设 $N=\{1,\cdots,n\}$ 是局中人的集合, $\forall i\in N$, 设 X_i 是局中人 i 的策略集, 它是 R^{k_i} 中的非空集合, $X=\prod_{i=1}^{n}X_i$, $f_i:X\to R$ 是局中人 i 的支付函数, $G_i:X_{\hat{i}}\to P_0(X_i)$ 是局中人 i 的可行策略映射 (它表明当除局中人 i 以外的其他 $n-1$ 个局中人选取策略 $x_{\hat{i}}\in X_{\hat{i}}$ 时, 局中人 i 只能在 $G_i(x_{\hat{i}})\subset X_i$ 中选取自己的策略).

如果存在 $x^*=(x_1^*,\cdots,x_n^*)\in X$, 使 $\forall i\in N$, 有 $x_i^*\in G_i\left(x_{\hat{i}}^*\right)$, 且

$$f_i\left(x_i^*,x_{\hat{i}}^*\right)=\max_{u_i\in G_i\left(x_{\hat{i}}^*\right)}f_i\left(u_i,x_{\hat{i}}^*\right),$$

则称 x^* 是此广义博弈 (或约束博弈) 的平衡点.

平衡点 x^* 的意义很清楚: $\forall i\in N$, $x_i^*\in G_i\left(x_{\hat{i}}^*\right)$ 表明当除局中人 i 外的其他 $n-1$ 个局中人选取策略 $x_{\hat{i}}^*\in X_{\hat{i}}$ 时, x_i^* 是局中人 i 的可行策略, 而 $f_i\left(x_i^*,x_{\hat{i}}^*\right)=\max\limits_{u_i\in G_i\left(x_{\hat{i}}^*\right)}f_i\left(u_i,x_{\hat{i}}^*\right)$ 表明 x_i^* 是局中人 i 的所有可行策略 $u_i\in G_i\left(x_{\hat{i}}^*\right)$ 中使其支付函数达到最大值的可行策略.

如果 $\forall i\in N$, $\forall x_{\hat{i}}\in X_{\hat{i}}$, 有 $G_i(x_{\hat{i}})=X_i$, 则广义博弈的平衡点即为 n 人非合作博弈的 Nash 平衡点.

$\forall i\in N$, 定义集值映射 $F_i:X_{\hat{i}}\to P_0(X_i)$ 如下: $\forall x_{\hat{i}}\in X_{\hat{i}}$,

$$F_i(x_{\hat{i}})=\left\{w_i\in G_i(x_{\hat{i}}):f_i(w_i,x_{\hat{i}})=\max_{u_i\in G_i(x_{\hat{i}})}f_i(u_i,x_{\hat{i}})\right\},$$

$F_i(x_{\hat{i}})$ 是当除局中人 i 外的其他 $n-1$ 个局中人选取策略 $x_{\hat{i}}\in X_{\hat{i}}$ 时, 局中人 i 的最佳可行回应.

$\forall x\in X$, 定义集值映射 $F:X\to P_0(X)$ 如下: $\forall x=(x_1,\cdots,x_n)\in X$,

$$F(x) = \prod_{i=1}^{n} F_i(x_{\hat{i}}),$$

集值映射 $F: X \to P_0(X)$ 称为此广义博弈的最佳可行回应映射.

定理 5.1 $x^* \in X$ 是广义博弈的平衡点的充分必要条件为 $x^* \in X$ 是最佳可行回应映射 $F: X \to P_0(X)$ 的不动点.

证明 充分性. 设 $x^* = (x_1^*, \cdots, x_n^*) \in X$ 是最佳可行回应映射的不动点, 即 $x^* \in F(x^*)$, 则 $\forall i \in N$, 有 $x_i^* \in F_i\left(x_{\hat{i}}^*\right)$, 从而有

$$f_i\left(x_i^*, x_{\hat{i}}^*\right) = \max_{u_i \in G_i\left(x_{\hat{i}}^*\right)} f_i\left(u_i, x_{\hat{i}}^*\right),$$

x^* 必是广义博弈的平衡点.

必要性. 设 $x^* = (x_1^*, \cdots, x_n^*) \in X$ 是广义博弈的平衡点, 则 $\forall i \in N$, 有 $x_i^* \in G_i\left(x_{\hat{i}}^*\right)$, 且

$$f_i\left(x_i^*, x_{\hat{i}}^*\right) = \max_{u_i \in G_i\left(x_{\hat{i}}^*\right)} f_i\left(u_i, x_{\hat{i}}^*\right),$$

从而有 $x_i^* \in F_i\left(x_{\hat{i}}^*\right)$, $x^* \in F(x^*)$, x^* 必是最佳可行回应映射的不动点.

定理 5.2 $\forall i \in N$, 设 X_i 是 R^{k_i} 中的非空有界闭凸集, $X = \prod_{i=1}^{n} X_i$, $f_i: X \to R$ 连续, 且 $\forall x_{\hat{i}} \in X_{\hat{i}}$, $u_i \to f_i(u_i, x_{\hat{i}})$ 在 X_i 上是拟凹的, 又集值映射 $G_i: X_{\hat{i}} \to P_0(X_i)$ 连续, 且 $\forall x_{\hat{i}} \in X_{\hat{i}}$, $G_i(x_{\hat{i}})$ 是 X_i 中的非空闭凸集, 则广义博弈的平衡点必存在.

证明 首先, $X = \prod_{i=1}^{n} X_i$ 必是 R^k 中的非空有界闭凸集, 其中 $k = k_1 + \cdots + k_n$.

$\forall i \in N$, $\forall x_{\hat{i}} \in X_{\hat{i}}$,

$$F_i(x_{\hat{i}}) = \left\{ w_i \in G_i(x_{\hat{i}}) : f_i(w_i, x_{\hat{i}}) = \max_{u_i \in G_i(x_{\hat{i}})} f_i(u_i, x_{\hat{i}}) \right\},$$

同定理 4.1.2 中的证明, 易知 $\forall i \in N$, $F_i(x_{\hat{i}})$ 必是 R^{k_i} 中的非空有界闭凸集, 从而 $F(x)$ 必是 R^k 中的非空有界闭凸集, 其中 $k = k_1 + \cdots + k_n$.

再同定理 4.1.2 中的证明, 由极大值定理 (定理 1.3.7(3)), 集值映射 $F_i: X_{\hat{i}} \to P_0(X_{\hat{i}})$ 必是上半连续, 从而最佳可行回应映射 $F: X \to P_0(X)$ 在 X 上是上半连续的.

这样, 由 Kakutani 不动点定理, 存在 $x^* \in X$, 使 $x^* \in F(x^*)$. 由定理 5.1, x^* 必是广义博弈的平衡点.

显然, 定理 4.1.2 是定理 5.2 的特例.

以下应用拟变分不等式给出广义博弈平衡点存在的充分必要条件.

$\forall x = (x_1, \cdots, x_n) \in X$, $\forall y = (y_1, \cdots, y_n) \in X$, 定义

$$\varphi(x, y) = \sum_{i=1}^{n} [f_i(y_i, x_{\hat{i}}) - f_i(x_i, x_{\hat{i}})],$$

$$G(x) = \prod_{i=1}^{n} G_i(x_{\hat{i}}).$$

定理 5.3 $x^* \in X$ 是广义博弈的平衡点的充分必要条件为 $x^* \in X$ 是拟变分不等式的解, 即 $x^* \in G(x^*)$, 且 $\forall y \in G(x^*)$, 有 $\varphi(x^*, y) \leqslant 0$.

证明 充分性. 设 $x^* = (x_1^*, \cdots, x_n^*) \in X$ 是拟变分不等式的解, 由 $x^* \in G(x^*)$, 得 $\forall i \in N$, 有 $x_i^* \in G_i\left(x_{\hat{i}}^*\right)$. $\forall i \in N$, $\forall u_i \in G_i\left(x_{\hat{i}}^*\right)$, 令 $\bar{y} = \left(u_i, x_{\hat{i}}^*\right)$, 则 $\bar{y} \in G(x^*)$,

$$\varphi(x^*, \bar{y}) = f_i\left(u_i, x_{\hat{i}}^*\right) - f_i\left(x_i^*, x_{\hat{i}}^*\right) \leqslant 0,$$

因 $x_i^* \in G_i\left(x_{\hat{i}}^*\right)$, 得 $f_i\left(x_i^*, x_{\hat{i}}^*\right) = \max\limits_{u_i \in G_i\left(x_{\hat{i}}^*\right)} f_i\left(u_i, x_{\hat{i}}^*\right)$, x^* 必是广义博弈的平衡点.

必要性. 设 $x^* = (x_1^*, \cdots, x_n^*) \in X$ 是广义博弈的平衡点, 即 $\forall i \in N$, 有 $x_i^* \in G_i\left(x_{\hat{i}}^*\right)$, 且 $\forall y_i \in G_i\left(x_{\hat{i}}^*\right)$, 有 $f_i\left(x_i^*, x_{\hat{i}}^*\right) \geqslant f_i\left(y_i, x_{\hat{i}}^*\right)$, 由此有 $x^* \in G(x^*)$, 且 $\forall y = (y_1, \cdots, y_n) \in G(x^*)$, 即 $\forall i \in N$, $y_i \in G_i\left(x_{\hat{i}}^*\right)$, 有

$$\varphi(x^*, y) = \sum_{i=1}^{n} \left[f_i\left(y_i, x_{\hat{i}}^*\right) - f_i\left(x_i^*, x_{\hat{i}}^*\right)\right] \leqslant 0,$$

x^* 必是拟变分不等式的解.

定理 5.4 $\forall i \in N$, 设 X_i 是 R^{k_i} 中的非空有界闭凸集, $X = \prod\limits_{i=1}^{n} X_i$, $\forall i \in N$, 集值映射 $G_i: X_{\hat{i}} \to P_0(X_i)$ 连续, 且 $\forall x_{\hat{i}} \in X_{\hat{i}}$, $G_i(x_{\hat{i}})$ 是 X_i 中的非空闭凸集, 又 $f_i: X \to R$ 满足

(1) $f_i(y_i, x_{\hat{i}}) - f_i(x_i, x_{\hat{i}})$ 在 $X \times X$ 上是下半连续的;

(2) $\forall x_{\hat{i}} \in X_{\hat{i}}$, $y_i \to f_i\left(y_i, x_{\hat{i}}\right)$ 在 X 上是凹的.

则广义博弈的平衡点必存在.

证明 $\forall x = (x_1, \cdots, x_n) \in X$, $\forall y = (y_1, \cdots, y_n) \in X$, 定义

$$\begin{aligned}\varphi(x,y) &= \sum_{i=1}^{n}[f_i(y_i, x_{\hat{i}}) - f_i(x_i, x_{\hat{i}})],\\ G(x) &= \prod_{i=1}^{n} G_i(x_{\hat{i}}).\end{aligned}$$

容易验证集值映射 $G: X \to P_0(X)$ 连续, 且 $\forall x \in X$, $G(x)$ 是 X 中的非空闭凸集, $\varphi: X \times X \to R$ 下半连续, 且满足

(1) $\forall x \in X$, $y \to \varphi(x,y)$ 在 X 上是凹的;

(2) $\forall x \in X$, $\varphi(x,x) = 0$.

由拟变分不等式解的存在性定理 (定理 1.4.8), 存在 $x^* \in X$, 使 $x^* \in G(x^*)$, 且 $\forall y \in G(x^*)$, 有

$$\varphi(x^*, y) = \sum_{i=1}^{n}\left[f_i\left(y_i, x_{\hat{i}}^*\right) - f_i\left(x_i^*, x_{\hat{i}}^*\right)\right] \leqslant 0.$$

再由定理 5.3, x^* 必是广义博弈的平衡点.

类似于第 4 讲中的定理 4.1.5, 可以给出以下定理 5.5. 注意到仍然是对成本函数求最小值, 而不是对支付函数求最大值, 广义博弈平衡点的定义是求 $x^* = (x_1^*, \cdots, x_n^*) \in X$, 使 $\forall i \in N$, 有 $x_i^* \in G_i\left(x_{\hat{i}}^*\right)$, 且

$$f_i\left(x_i^*, x_{\hat{i}}^*\right) = \min_{u_i \in G_i\left(x_{\hat{i}}^*\right)} f_i\left(u_i, x_{\hat{i}}^*\right).$$

定理 5.5 $\forall i \in N$, 设 X_i 是 R^{m_i} 中的一个非空闭凸集, $X = \prod_{i=1}^{n} X_i$, $f_i: X \to R$ 连续可微, 且 $\forall x_{\hat{i}} \in X_{\hat{i}}$, $u_i \to f_i(u_i, x_{\hat{i}})$ 在 X_i 上是凸的, 又集值映射 $G_i: X_{\hat{i}} \to P_0(X_i)$ 连续, 且 $\forall x_{\hat{i}} \in X_{\hat{i}}$, $G_i(x_{\hat{i}})$ 是 X_i 中的非空闭凸集, 则 $x^* = (x_1^*, \cdots, x_n^*) \in X$ 是广义博弈平衡点的充分必要条件为 x^* 是以下拟变分不等式的解, 即 $x^* \in G(x^*)$, 且 $\forall y \in G(x^*)$, 有

$$\langle F(x^*), y - x^* \rangle \geqslant 0,$$

其中 $G(x^*)=\prod_{i=1}^{n} G_i\left(x_i^*\right), F(x^*)=\left(\nabla_{x_1} f_1(x^*), \cdots, \nabla_{x_n} f_n(x^*)\right) \in R^m, m=\sum_{i=1}^{n} m_i$.

注 5.1　近些年来, 关于非合作博弈和广义博弈平衡点的计算研究较为活跃, 可见文献 [39~43].

第 6 讲　数理经济学中的一般均衡定理

本讲将介绍数理经济学中的一般均衡定理, 在阐述了 Walras 一般经济均衡思想后, 重点论证了均衡的存在性和 Pareto 最优性, 尤其是应用 Nash 平衡点的存在性定理直接导出了一般经济均衡定理, 主要参考了文献 [11, 13, 18, 43~45].

6.1　Walras 的一般经济均衡思想

1776 年, Adam Smith 出版了名著《国富论》, 提出了 "看不见的手" 的思想, 即每个人都追求个人的利益, 并不是公共福利, 但是有一只 "看不见的手" 引导他去促进了社会利益.

什么是 "看不见的手", 什么是 "公共福利"? 1874 年, Walras 将 "看不见的手" 解释为 "价格体系", 而将 "公共福利" 解释为 "供需平衡".

设市场上有 l 种商品, 价格体系 $p=(p_1,\cdots,p_l)$, 其中 p_i 表示第 i 种商品的价格, 可以假定 $p_i\geqslant 0,\ i=1,\cdots,l$, 且 $\sum_{i=1}^{l}p_i=1$.

社会的需求当然依赖于 p, 记为 $D(p)=(D_1(p),\cdots,D_l(p))$, 其中 $D_i(p)$ 表示对第 i 种商品的需求, $i=1,\cdots,l$.

社会的供给当然也依赖于 p, 记为 $S(p)=(S_1(p),\cdots,S_l(p))$, 其中 $S_i(p)$ 表示第 i 种商品的供给, $i=1,\cdots,l$.

$\forall p\in P$, 记 $f(p)=D(p)-S(p)$, 称 $f:P\to R^l$ 为超需映射, 其中

$$P=\left\{p=(p_1,\cdots,p_l):p_i\geqslant 0,i=1,\cdots,l,\sum_{i=1}^{l}p_i=1\right\}$$

称为价格单纯形.

价格是由市场决定的, 由供求关系来决定的.

R^l 中的内积 $\langle p, D(p)\rangle = \sum_{i=1}^{l} p_i D_i(p)$ 表示支出, 而 $\langle p, S(p)\rangle = \sum_{i=1}^{l} p_i S_i(p)$ 表示收入. Walras 认为, 收支应平衡, 即 $\forall p \in P$, 有

$$\langle p, D(p)\rangle = \langle p, S(p)\rangle,$$

以上公式称为 Walras 律.

Walras 律也可以表示为 $\forall p \in P$,

$$\langle p, f(p)\rangle = 0.$$

此外, 如果 $\forall p \in P$,

$$\langle p, f(p)\rangle \leqslant 0,$$

则以上公式称为弱 Walras 律, 此时 $\langle p, D(p)\rangle \leqslant \langle p, S(p)\rangle$, 支出小于等于收入.

以下是一般经济均衡定理:

定理 6.1.1　如果超需映射 $f: P \to R^l$ 是连续的, Walras 律成立, 即 $\forall p \in P$, 有 $\langle p, f(p)\rangle = 0$, 则存在 $p^* \in P$, 使 $f(p^*) \leqslant \mathbf{0}$(表示向量 $f(p^*)$ 的每一个分量都小于等于 0, 即每种商品的需求都小于等于供给), 而当 $p_i^* > 0$(即第 i 种商品不是免费商品) 时, 必有 $f_i(p^*) = 0$(付费商品的需求必然等于供给).

Walras 开创性地提出了关于一般经济均衡的思想, 但是他并没有给出以上定理的准确表述, 更没有给出其严格的证明.

1944 年, von Neumann 等出版了《博弈论与经济行为》一书[3]. 博弈论诞生了, 1950 年和 1951 年, Nash 提出了 n 人非合作有限博弈模型, 并应用 Brouwer 不动点定理和 Kakutani 不动点定理证明了平衡点的存在性定理[26,27]. 这样, 他们就为数学在经济学中的应用提供了集合论、泛函分析和拓扑学等新工具.

正是在 von Neumann 和 Nash 工作的鼓舞下, 1954 年, Arrow 和 Debreu 首先应用广义博弈平衡点的存在性定理证明了一般经济均衡的存在性定理[46]. 他们也因此分别在 1972 年和 1983 年获得 Nobel 经济奖.

6.2　自由配置均衡价格的存在性 (超需映射是连续映射)

定理 6.1.1 中的 $p^* \in P$ 称为自由配置均衡价格.

定理 6.1.1 的证明 $\forall p=(p_1,\cdots,p_l)\in P$, 定义

$$h(p)=(h_1(p),\cdots,h_l(p)),$$

其中 $\forall i=1,\cdots,l$,

$$h_i(p)=\frac{p_i+\max(0,f_i(p))}{1+\sum\limits_{i=1}^{l}\max(0,f_i(p))}.$$

容易验证: $\forall i=1,\cdots,l$, $h_i(p)\geqslant 0$, $\sum\limits_{i=1}^{l}h_i(p)=1$, 故 $h(p)\in P$. 又因超需映射 $f:P\to R^l$ 连续, 故映射 $h:P\to P$ 连续. 因 P 是 R^l 中的一个有界闭凸集. 由 Brouwer 不动点定理, 存在 $p^*=(p_1^*,\cdots,p_l^*)\in P$, 使 $h(p^*)=p^*$, 即 $\forall i=1,\cdots,l$, 有

$$p_i^*=\frac{p_i^*+\max(0,f_i(p^*))}{1+\sum\limits_{i=1}^{l}\max(0,f_i(p^*))}.$$

化简得 $\forall i=1,\cdots,l$, 有

$$p_i^*\sum_{i=1}^{l}\max(0,f_i(p^*))=\max(0,f_i(p^*)),$$

两边乘以 $f_i(p^*)$, 对 i 求和, 并注意到 $\sum\limits_{i=1}^{l}p_i^*f_i(p^*)=\langle p^*,f(p^*)\rangle=0$, 得

$$\sum_{i=1}^{l}f_i(p^*)\max(0,f_i(p^*))=0.$$

记 $I(p^*)=\{i:f_i(p^*)>0\}$, 如果 $I(p^*)\neq\varnothing$, 则 $\forall i\in I(p^*)$, 有 $f_i(p^*)\max(0,f_i(p^*))>0$, 而 $\forall i\notin I(p^*)$, 有 $f_i(p^*)\max(0,f_i(p^*))=0$, 故

$$\sum_{i=1}^{l}f_i(p^*)\max(0,f_i(p^*))=\sum_{i\in I(p^*)}f_i(p^*)\max(0,f_i(p^*))>0,$$

矛盾, $I(p^*)=\varnothing$, 即 $\forall i=1,\cdots,l$, 有 $f_i(p^*)\leqslant 0$, $f(p^*)\leqslant\mathbf{0}$.

$\forall i=1,\cdots,l$, 因 $p_i^*\geqslant 0$, 而 $f_i(p^*)\leqslant 0$, 故 $p_i^*f_i(p^*)\leqslant 0$. 又 $\sum\limits_{i=1}^{l}p_i^*f_i(p^*)=0$, 故 $\forall i=1,\cdots,l$, 有 $p_i^*f_i(p^*)=0$. 如果 $p_i^*>0$, 则必有 $f_i(p^*)=0$.

注 6.2.1 从以上证明可以看出, 由弱 Walras 律成立即可推出存在 $p^* \in P$, 使 $f(p^*) \leqslant \mathbf{0}$. 但要得到后一结论, 即从 $p_i^* > 0$ 推出 $f_i(p^*) = 0$, 则要求 Walras 律成立.

应用定理 6.1.1, 也可以直接证明 Brouwer 不动点定理, 见文献 [47], 这说明定理 6.1.1 是一个非常深刻的结果, 因为它与著名的 Brouwer 不动点定理是等价的.

Brouwer 不动点定理的证明 设 $f: P \to P$ 连续, $\forall p \in P$, 定义

$$g(p) = f(p) - \frac{\langle p, f(p)\rangle}{\langle p, p\rangle} p.$$

首先, 因 $p \in P$, 故 $\langle p, p\rangle > 0$, 因 $f: P \to P$ 连续, 故 $g: P \to R^l$ 连续.

$\forall p \in P$, 易知 $\langle p, g(p)\rangle = 0$(Walras 律成立).

由定理 6.1.1, 存在 $p^* = (p_1^*, \cdots, p_l^*) \in P$, 使

$$g(p^*) = f(p^*) - \frac{\langle p^*, f(p^*)\rangle}{\langle p^*, p^*\rangle} p^* \leqslant \mathbf{0}.$$

令 $I(p^*) = \{i : p_i^* > 0\}$, 则 $I(p^*) \neq \varnothing$, 记 $f(p^*) = (f_1(p^*), \cdots, f_l(p^*))$, $g(p^*) = (g_1(p^*), \cdots, g_l(p^*))$.

$\forall i \notin I(p^*)$, 即 $p_i^* = 0$, 由

$$0 \leqslant f_i(p^*) \leqslant \frac{\langle p^*, f(p^*)\rangle}{\langle p^*, p^*\rangle} p_i^* = 0,$$

得 $f_i(p^*) = 0$,

$$\langle p^*, g(p^*)\rangle = \sum_{i \in I(p^*)} p_i^* g_i(p^*) = 0.$$

$\forall i \in I(p^*)$, 因 $g_i(p^*) \leqslant 0, p_i^* g_i(p^*) \leqslant 0$, 故必有 $p_i^* g_i(p^*) = 0, g_i(p^*) = 0$, 从而有 $f_i(p^*) = \dfrac{\langle p^*, f(p^*)\rangle}{\langle p^*, p^*\rangle} p_i^*$.

对所有 i 求和 (注意到上式对 $i \notin I(p^*)$ 也成立, 因为此时 $p_i^* = 0, f_i(p^*) = 0$), 有

$$1 = \sum_{i=1}^{l} f_i(p^*) = \frac{\langle p^*, f(p^*)\rangle}{\langle p^*, p^*\rangle} \sum_{i=1}^{l} p_i^* = \frac{\langle p^*, f(p^*)\rangle}{\langle p^*, p^*\rangle},$$

从而有 $f_i(p^*) = p_i^*, i = 1, \cdots, l$, $f(p^*) = p^*$.

6.3 自由配置均衡价格的存在性 (超需映射是集值映射)

$\forall p=(p_1,\cdots,p_l)\in P$, 市场对 l 种商品的需求和供给分别记为 $D(p)$ 和 $S(p)$, 与上节 $D(p)\in R^l$ 和 $S(p)\in R^l$ 不同的是这里 $D(p)$ 和 $S(p)$ 分别是 R^l 中的两个非空子集.

$\forall p\in P$, 记 $\zeta(p)=D(p)-S(p), \zeta: P\to P_0(R^l)$ 是一个超需集值映射, 而 $\forall i=1,\cdots,l, \zeta_i: P\to P_0(R)$ 是市场对第 i 种商品的超需映射. 如果存在 $p^*\in P$, $z^*\in\zeta(p^*)$, 而 $z^*\leqslant \mathbf{0}$, 则称 p^* 为自由配置均衡价格.

为了给出自由配置均衡价格的存在性定理, 我们需要一个引理, 这在下节中也有应用.

引理 6.3.1 设 X 是 R^m 中的一个非空有界闭凸集, Y 是 R^n 中的一个非空闭凸集, $T: X\to P_0(Y)$ 是一个上半连续的集值映射, 且 $\forall x\in X$, $T(x)$ 是非空有界闭凸集. $f: X\times Y\to R$ 连续, $\forall y\in X$, $x\to f(x,y)$ 在 X 上是拟凹的, $\forall x\in X$, $\forall y\in T(x)$, 有 $f(x,y)\leqslant 0$. 则存在 $x^*\in X$, 存在 $y^*\in T(x^*)$, 使 $\forall x\in X$, 有 $f(x,y^*)\leqslant 0$.

证明 首先, 由引理 1.3.7, $F(X)\subset Y$ 是 R^n 中的有界闭集, 因 Y 是 R^n 中闭凸集, 再由引理 1.2.1, $Z=\mathrm{co}T(X)\subset Y$ 必是 R^n 中的有界闭凸集.

$\forall y\in Z$, 定义集值映射

$$S(y)=\left\{x\in X: f(x,y)=\max_{u\in X} f(u,y)\right\},$$

易知 $S(y)$ 是非空有界闭凸集, 且由极大值定理 (定理 1.3.7(3)), 集值映射 S 在 Z 上是上半连续的.

$X\times Z$ 是 R^{m+n} 中的非空有界闭凸集, $\forall(x,y)\in X\times Z$, 定义集值映射

$$F(x,y)=S(y)\times T(x),$$

易知 $F(x,y)\subset X\times Z$, $F(x,y)$ 是 $X\times Z$ 中的非空闭凸集, 且集值映射 F 在 $X\times Z$ 上是上半连续的. 由 Kakutani 不动点定理, 存在 $(x^*,y^*)\in X\times Z$, 使 $(x^*,y^*)\in F(x^*,y^*)$, 于是 $x^*\in S(y^*)$, $y^*\in T(x^*)$.

由 $x^* \in S(y^*)$, 得 $\max\limits_{x\in X} f(x,y^*) = f(x^*,y^*)$. 由 $y^* \in T(x^*)$, 而 $\max\limits_{x\in X} f(x,y^*) = f(x^*,y^*) \leqslant 0$, 得 $\forall x \in X$, 有 $f(x,y^*) \leqslant 0$.

以下定理为数理经济学中著名的 Gale-Nikaido-Debreu 引理, 见文献 [48~50].

定理 6.3.1　设超需集值映射 $\zeta : P \to P_0(R^l)$ 在 P 上是上半连续的, $\forall p \in P$, $\zeta(p)$ 是 R^l 中的非空有界闭凸集, 且满足弱 Walras 律: $\forall p \in P$, $\forall z \in \zeta(p)$, 有 $\langle p,z\rangle \leqslant 0$. 则自由配置均衡价格必存在, 即存在 $p^* \in P$, $z^* \in \zeta(p^*)$, 而 $z^* \leqslant \mathbf{0}$.

证明　在引理 6.3.1 中令 $X = P$, $Y = R^l$, $\forall p \in P$, $\forall z \in R^l$, 定义 $f(p,z) = \langle p,z\rangle$, 则 $f : P\times Y \to R$ 连续, $\forall z \in R^l$, $p \to \langle p,z\rangle$ 在 P 上是凹的, $\forall p \in P$, $\forall z \in \zeta(p)$, 有 $\langle p,z\rangle \leqslant 0$, 引理 6.3.1 的假设条件全都成立.

由引理 6.3.1, 存在 $p^* \in P$, 存在 $z^* \in \zeta(p^*)$, 使 $\forall p \in P$, 有 $\langle p,z^*\rangle \leqslant 0$.

以下来证明 $z^* \leqslant \mathbf{0}$. 用反证法, 设 $z^* \leqslant \mathbf{0}$ 不成立, 则存在某 i_0, 使 $z^*_{i_0} > 0$. 令 $\bar{p} = (\bar{p}_1,\cdots,\bar{p}_l)$, 其中 $\bar{p}_{i_0} = 1$, 当 $i \neq i_0$ 时, $\bar{p}_{i_0} = 0$, 则 $\bar{p} \in P$, 而 $\langle \bar{p},z^*\rangle = z^*_{i_0} > 0$, 矛盾.

注 6.3.1　在一些文献中, 弱 Walras 律更减弱为 $\forall p \in P$, 存在 $z \in \zeta(p)$, 使 $\langle p,z\rangle \leqslant 0$. 可以证明此时定理 6.3.1 仍然是成立的.

$\forall p \in P$, 定义集值映射

$$\zeta_1(p) = \zeta(p) \cap \left\{z \in R^l : \langle p,z\rangle \leqslant 0\right\}.$$

易知 $\zeta_1(p)$ 是 R^l 中的非空有界闭凸集, 以下来证明集值映射 ζ_1 在 P 上是上半连续的. 因 $\zeta_1(P) \subset \zeta(P)$, 而由引理 1.3.7, $\zeta(P)$ 是 R^l 中的有界闭集. 由定理 1.3.1, 要证明集值映射 ζ_1 在 P 上是上半连续的, 这只需证明集值映射 ζ_1 是闭的. $\forall p_k \to p$, $\forall z_k \in \zeta_1(p_k)$, $z_k \to z$, 因 $z_k \in \zeta_1(p_k)$, 故 $z_k \in \zeta(p_k)$, 且 $\langle p_k,z_k\rangle \leqslant 0$. 因集值映射 ζ 在 P 上是上半连续的, 且 $\forall p \in P$, $\zeta(p)$ 是闭集, 由引理 1.3.2, 集值映射 ζ 必是闭的, 故有 $z \in \zeta(p)$. 又由 $\langle p_k,z_k\rangle \leqslant 0$, 令 $k \to \infty$, 必有 $\langle p,z\rangle \leqslant 0$, $z \in \zeta_1(p)$.

这样, $\forall p \in P$, $\forall z \in \zeta_1(p)$, 必有 $\langle p,z\rangle \leqslant 0$. 同样由引理 6.3.1, 存在 $p^* \in P$, 存在 $z^* \in \zeta_1(p^*) \subset \zeta(p^*)$, 使 $\forall p \in P$, 有 $\langle p,z^*\rangle \leqslant 0$. 以下同定理 6.3.1 中的证明, 此时必有 $z^* \leqslant \mathbf{0}$.

6.4 均衡价格的存在性

价格单纯性 $P=\left\{p=(p_1,\cdots,p_l):p_i\geqslant 0,i=1,\cdots,l,\sum_{i=1}^{l}p_i=1\right\}$ 的内部

$$S=\left\{p=(p_1,\cdots,p_l):p_i>0,i=1,\cdots,l,\sum_{i=1}^{l}p_i=1\right\},$$

其边界 $P\backslash S$ 满足至少存在一个 i, 使 $p_i=0$. 当第 i 种商品的价格趋于 0 时, 其需求一定趋于 ∞, 这就是边界条件的实质, 当然其表现形式是多种多样的.

以下均衡价格的存在性定理见文献 [51, 52].

定理 6.4.1 设超需集值映射 $\zeta:S\to P_0\left(R^l\right)$ 在 S 上是上半连续的, 且 $\forall p\in S,\zeta(p)$ 是 R^l 中的非空有界闭凸集. Walras 律成立: $\forall p\in S,\forall z\in\zeta(p)$, 有 $\langle p,z\rangle=0$. 边界条件成立: 对任意 S 中的序列 $\{p_k\}$, $p_k\to P\backslash S$, 对任意 S 中的序列 $\{z_k\}$, 其中 $z_k\in\zeta(p_k)$, 存在 $\bar{p}\in S$, 使对无限多个 k, 有 $\langle\bar{p},z_k\rangle>0$. 则均衡价格必存在, 即存在 $p^*\in S$, 使 $\mathbf{0}\in\zeta(p^*)$.

证明 $\forall k=1,2,3,\cdots$, 定义 $C_k=\mathrm{co}\left\{p\in S:d(p,P\backslash S)\geqslant\dfrac{1}{k}\right\}$, 则存在正整数 k_0, 使 $\forall k\geqslant k_0$, 有 $C_k\neq\varnothing$, 易知 C_k 是 S 中的有界闭凸集, 且 $C_{k_0}\subset C_{k_0+1}\subset C_{k_0+2}\subset\cdots$, $S=\bigcup_{k=k_0}^{\infty}C_k$.

由引理 6.3.1, $\forall k\geqslant k_0$, 存在 $p_k\in C_k$, $z_k\in\zeta(p_k)$, 使 $\forall p\in C_k$, 有 $\langle p,z_k\rangle\leqslant 0$. 由 $\{p_k\}\subset P$, 而 P 是 R^l 中的有界闭集, 不妨设 $p_k\to p^*\in P$.

如果 $p^*\in P\backslash S$, 由边界条件, 存在 $\bar{p}\in S$, 并存在无限多个 z_k, 使 $\langle\bar{p},z_k\rangle>0$. 因 $S=\bigcup_{k=k_0}^{\infty}C_k$, 存在正整数 $k_1\geqslant k_0$, 使 $\bar{p}\in C_{k_1}$, 于是 $\forall k\geqslant k_1$, 有 $\bar{p}\in C_k$, $\langle\bar{p},z_k\rangle\leqslant 0$, 这与存在无限多个 z_k, 使 $\langle\bar{p},z_k\rangle>0$ 矛盾.

这样, $p^*\in S$. 因集值映射 ζ 在 p^* 上半连续, $p_k\to p^*$, 且 $\zeta(p^*)$ 是 R^l 中的有界闭集, 由定理 1.3.5, $\{z_k\}$ 必有子序列, 不妨设即为 $\{z_k\}$, 使 $z_k\to z^*\in\zeta(p^*)$. $\forall p\in S$, 存在正整数 $k_2\geqslant k_0$, 使 $\forall k\geqslant k_2$, 有 $p\in C_k$, 故 $\langle p,z_k\rangle\leqslant 0$. 令 $k\to\infty$, 得 $\langle p,z^*\rangle\leqslant 0$.

记 $z^* = (z_1^*, \cdots, z_l^*)$, 如果存在某 i, 使 $z_i^* > 0$, 选取 $1 > a > 0$ 且充分接近 1, 使

$$\frac{1-a}{l-1}\sum_{j\neq i} z_j^* + az_i^* > 0.$$

令 $p_i = a$, $p_j = \dfrac{1-a}{l-1}(j \neq i)$, 则 $p = (p_1, \cdots, p_l) \in P$, 但 $\langle p, z^*\rangle = az_i^* + \dfrac{1-a}{l-1}\sum\limits_{j\neq i} z_j^* > 0$, 矛盾. 因此 $z_i^* \leqslant 0$, $i = 1, \cdots, l$. 因 $p^* \in S$, $p_i^* > 0$, 故$p_i^* z_i^* \leqslant 0$, $i = 1, \cdots, l$, 由 $\langle p^*, y^*\rangle = \sum\limits_{i=1}^{l} p_i^* z_i^* = 0$, 得 $p_i^* z_i^* = 0$, 再由 $p_i^* > 0$, 得 $z_i^* = 0$, $i = 1, \cdots, l$, $z^* = \mathbf{0}$, $\mathbf{0} \in \zeta(p^*)$.

由定理 6.4.1 即推得以下定理 6.4.2.

定理 6.4.2 设超需映射 $f : S \to R^l$ 在 S 上是连续的, Walras 律成立: $\forall p \in S$, 有 $\langle p, f(p)\rangle = 0$. 边界条件成立: 对任意 S 中的序列 $\{p_k\}$, $p_k \to P\backslash S$, 存在 $\bar{p} \in S$, 使对无限多个 k, 有 $\langle \bar{p}, f(p_k)\rangle > 0$. 则存在 $p^* \in S$, 使 $f(p^*) = \mathbf{0}$.

证明 注意到将超需映射 $f : S \to R^l$ 作为集值映射, 因 f 在 S 上连续, 则其在 S 上是上半连续的, 于是结论由定理 6.4.1 即推得.

以下再来简单介绍 Arrow-Debreu 模型.

设市场上有 l 种商品, m 个消费者和 n 个生产者.

$\forall i = 1, \cdots, m, X_i$ 是消费者 i 的消费集, 它是 R^l 的一个子集, 消费者的行为准则是由定义在 X_i 上的偏序关系 $\preceq_i$ 来决定的, 他将在支付能力允许的条件下, 选取偏好最优的消费 (在一定假设条件下, $\forall i = 1, \cdots, l$, 这种偏序关系可以用效用函数来表示, 即 $\forall x_i, x_i' \in X_i$, $x_i \preceq_i x_i'$ 当且仅当 $u_i(x_i) \leqslant u_i(x_i')$).

消费者 i 的支付能力由两部分组成: 一部分是他掌握的商品的价值, 设他对商品的初始持有为 $e_i \in R^l$; 另一部分是生产者分给他的利润, 设生产者 j 分给消费者 i 的利润份额为 θ_{ij}, 这里 $\theta_{ij} \geqslant 0$, $\sum\limits_{i=1}^{m} \theta_{ij} = 1$, $i = 1, \cdots, m$; $j = 1, \cdots, n$. 设生产者 j 的利润为 r_j, 价格体系 $p \in P$, 则消费者 i 的消费 $x_i \in X_i$ 必须满足预算约束

$$\langle p, x_i\rangle \leqslant \langle p, e_i\rangle + \sum_{j=1}^{n} \theta_{ij} r_j, \quad i = 1, \cdots, m.$$

$\forall j = 1, \cdots, n$, Y_j 是生产者 j 的生产集, 它是 R^l 的一个子集, 生产者 j 的行为准则是使其利润为最大.

$\left\{x_i^* \in X_i, i=1,\cdots,m; y_j^* \in Y_j, j=1,\cdots,n; p^* \in P\right\}$ 称为经济 E 的均衡, 如果

(1) $\forall i=1,\cdots,m$, $\forall x_i \in X_i$, 由

$$\langle p^*, x_i\rangle \leqslant \langle p^*, e_i\rangle + \sum_{j=1}^{n} \theta_{ij} \langle p^*, y_j^*\rangle$$

可推出 $x_i \preceq_i x_i^*$.

(2) $\forall j=1,\cdots,n$, $\langle p^*, y_j^*\rangle = \max\limits_{y_j \in Y_j} \langle p^*, y_j\rangle$.

(3) $\sum\limits_{i=1}^{m} x_i^* - \sum\limits_{j=1}^{n} y_j^* - \sum\limits_{i=1}^{m} e_i = \mathbf{0}$.

以上 (1)~(3) 的经济意义是非常清楚的:

(1) 说明 x_i^* 是消费者 i 满足预算约束的最优消费, $i=1,\cdots,m$;

(2) 说明 y_j^* 是生产者 j 使其利润最大的生产, $j=1,\cdots,n$;

(3) 说明供需达到平衡, 市场出清.

$\forall p \in P$, $\forall j=1,\cdots,n$, 设 $y_j(p)$ 为生产者 j 利润最大的集合. 记 $\pi_j(p) = \max\limits_{y_j \in Y_j} \langle p, y_j\rangle, \forall i = 1,\cdots,m$, 设 $\xi_i'(p)$ 是消费者 i 在他的预算集 $\beta_i'(p) = \left\{x \in X_i : \langle p, x\rangle \leqslant \langle p, e_i\rangle + \sum\limits_{j=1}^{n} \theta_{ij} \pi_j(p)\right\}$ 中最优消费的集合.

记超需集值映射

$$\zeta(p) = \sum_{i=1}^{m} \xi_i'(p) - \sum_{j=1}^{n} y_j(p) - \sum_{i=1}^{m} e_i.$$

在一定假设条件下, 可以证明: $\forall i=1,\cdots,m$, 集值映射 $\xi_i' : P \to P_0(R^l)$ 在 P 上是上半连续的, 且 $\forall p \in P$, $\xi_i'(p)$ 是非空有界闭凸集; $\forall j=1,\cdots,n$, 集值映射 $y_j : P \to P_0(R^l)$ 在 P 上是上半连续的, 且 $\forall p \in P$, $y_j(p)$ 是非空有界闭凸集.

由引理 1.3.5, 集值映射 $\zeta : P \to P_0(R^l)$ 在 P 上必是上半连续的, 且 $\forall p \in P$, $\zeta(p)$ 必是 R^l 中的非空有界闭凸集.

$\forall p \in P, \forall z \in \zeta(p)$, 则存在 $x_i \in \xi_i'(p), i=1,\cdots,m$; $y_j \in y_j(p), j=1,\cdots,n$, 使

$z=\sum_{i=1}^{m}x_i-\sum_{j=1}^{n}y_j-\sum_{i=1}^{m}e_i$, 且 $\forall i=1,\cdots,m$, 有

$$\langle p,x_i\rangle\leqslant\langle p,e_i\rangle+\sum_{j=1}^{n}\theta_{ij}\langle p,y_j\rangle.$$

注意到 $\forall j=1,\cdots,n,\ \sum_{i=1}^{m}\theta_{ij}=1$,

$$\begin{aligned}\langle p,z\rangle&=\left\langle p,\sum_{i=1}^{m}x_i-\sum_{j=1}^{n}y_j-\sum_{i=1}^{m}e_i\right\rangle\\&=\sum_{i=1}^{m}\langle p,x_i\rangle-\sum_{j=1}^{n}\langle p,y_j\rangle-\sum_{i=1}^{m}\langle p,e_i\rangle\\&\leqslant\sum_{i=1}^{m}\langle p,e_i\rangle+\sum_{i=1}^{m}\sum_{j=1}^{n}\theta_{ij}\langle p,y_j\rangle-\sum_{j=1}^{n}\langle p,y_j\rangle-\sum_{i=1}^{m}\langle p,e_i\rangle\\&=\sum_{j=1}^{n}\sum_{i=1}^{m}\theta_{ij}\langle p,y_j\rangle-\sum_{j=1}^{n}\langle p,y_j\rangle=0.\end{aligned}$$

这表明弱 Walras 律成立, 由定理 6.3.1, 存在 $p^*\in P$, $z^*\in\zeta(p^*)$, 而 $z^*\leqslant\mathbf{0}$. 又可以在一定假设条件下证明 Walras 律和边界条件成立, 于是由定理 6.4.1, 存在 $p^*\in S\subset P$, 使 $\mathbf{0}\in\zeta(p^*)$.

因 $\mathbf{0}\in\zeta(p^*)$, 则存在 $x_i^*\in\xi_i'(p^*)$, $i=1,\cdots,m$; $y_j^*\in y_j(p^*)$, $j=1,\cdots,n$, 使

$$\sum_{i=1}^{m}x_i^*-\sum_{j=1}^{n}y_j^*-\sum_{i=1}^{m}e_i=0.$$

因 $x_i^*\in\xi_i'(p^*)$, x_i^* 就是消费者 i 满足预算约束的最优消费, $i=1,\cdots,m$.

因 $y_j^*\in y_j(p^*)$, y_j^* 就是生产者 j 使其利润最大的生产, $j=1,\cdots,n$.

6.5 福利经济学第一定理

经济是否有效率, 要看在这个经济中资源是否得到了有效利用, 而资源配置是否有效率则由 Pareto 准则决定: 无论是消费者或生产者, 谁都不能在不损害别人利益的基础上而使自己获得更大的利益.

可以证明 Arrow-Debreu 模型的均衡状态是 Pareto 最优的, 它实现了资源的有效配置. 这一结果称为福利经济学第一定理.

证明 用反证法, 设 $(x_1^*,\cdots,x_m^*;y_1^*,\cdots,y_n^*)$ 不是 Pareto 有效的, 则存在可行配置 $(x_1',\cdots,x_m';y_1',\cdots,y_n')$, 使其中至少一个成员能在不损害别人利益的基础上使自己获得更大的利益.

$\forall j=1,\cdots,n$, 因 $\langle p^*,y_j^*\rangle=\max\limits_{y_j\in Y_j}\langle p^*,y_j\rangle$, 故 $\langle p^*,y_j^*\rangle=\langle p^*,y_j'\rangle$.

$\forall i=1,\cdots,m$, 有 $x_i'\succeq_i x_i^*$, 且存在某 k, 使 $x_k'\succ_k x_k^*$. 因

$$\begin{aligned}\langle p^*,x_k'\rangle&\leqslant\langle p^*,e_k\rangle+\sum_{j=1}^n\theta_{kj}\langle p^*,y_j'\rangle\\&=\langle p^*,e_k\rangle+\sum_{j=1}^n\theta_{kj}\langle p^*,y_j^*\rangle,\end{aligned}$$

必有 $x_k'\preceq_k x_k^*$, 矛盾.

6.6 Nash 平衡点存在性定理的应用

本节将应用凹博弈 Nash 平衡点的存在性定理分别直接导出 Brouwer 不动点定理、KKM 引理、变分不等式以及自由配置均衡价格的存在性定理. 最后, 还将应用 Gale-Nikaido-Debreu 引理直接导出 Kakutani 不动点定理. 这些结果都是新的, 很有意义的.

以下凹博弈平衡点存在性定理是定理 4.1.2 的特例.

定理 6.6.1 设 X 和 Y 分别是 R^m 和 R^n 中的非空有界闭凸集, $f,g:X\times Y\to R$ 连续, 且满足

$$\forall y\in Y, x\to f(x,y)\ \text{在}\ X\ \text{上是凹的},$$

$$\forall x\in X, y\to g(x,y)\ \text{在}\ Y\ \text{上是凹的}.$$

则此博弈的 Nash 平衡点必存在, 即存在 $x^*\in X$, $y^*\in Y$, 使

$$f(x^*,y^*)=\max_{x\in X}f(x,y^*),$$

$$g(x^*,y^*)=\max_{y\in Y}g(x^*,y).$$

(1) 凹博弈 Nash 平衡点的存在性定理 ⇒Brouwer 不动点定理

设 X 是 R^n 中的非空有界闭凸集, $\varphi : X \to X$ 连续, $\forall x \in X, \forall y \in X$, 定义

$$f(x,y) = -\|x-y\|,$$

$$g(x,y) = -\|y-\varphi(x)\|.$$

显然, $f, g : X \times X \to R$ 连续, 且

$$\forall y \in X, x \to f(x,y) \text{ 在 } X \text{ 上是凹的},$$

$$\forall x \in X, y \to g(x,y) \text{ 在 } X \text{ 上是凹的}.$$

由定理 6.5.1, 存在 $x^* \in X$(注意到 $\varphi(x^*) \in X$), 存在 $y^* \in Y$, 使

$$-\|x^*-y^*\| = \max_{x\in X}[-\|x-y^*\|] = -\min_{x\in X}\|x-y^*\| = 0,$$

$$-\|y^*-\varphi(x^*)\| = \max_{y\in X}[-\|y-\varphi(x^*)\|] = -\min_{y\in X}\|y-\varphi(x^*)\| = 0.$$

这样, $x^* = y^*$, $y^* = \varphi(x^*)$, 最后有 $\varphi(x^*) = x^*$, Brouwer 不动点定理成立.

注 6.6.1 以上结果表明 Nash 平衡点的存在性定理是一个非常深刻的结果, 因为它与著名的 Brouwer 不动点定理是等价的.

(2) 凹博弈 Nash 平衡点的存在性定理 ⇒KKM 引理

在第 1.4 节中, 我们曾用 KKM 引理来推出 Brouwer 不动点定理, 以下将用凹博弈 Nash 平衡点的存在性定理来直接导出 KKM 引理.

设 $v^0, v^1, \cdots, v^n \in R^n$, 其中 $v^1 - v^0, \cdots, v^n - v^0$ 线性无关, 单纯形 $\sigma = \text{co}(v^0, v^1, \cdots, v^n)$. 由引理 1.4.1, $\forall x \in \sigma$, 即 $x = \sum_{i=0}^{n} x_i v^i$, 其中 $x_i \geqslant 0, i = 0, 1, \cdots, n$, 且 $\sum_{i=0}^{n} x_i = 1$, x 的重心坐标 $x_0, x_1, \cdots, x_n$ 是唯一确定的.

设 $F_0, F_1, \cdots, F_n$ 是 σ 中的 $n+1$ 个闭集, 如果对任意 $i_0, \cdots, i_k (k = 0, 1, \cdots, n)$, 有

$$\text{co}(v^{i_0}, \cdots, v^{i_k}) \subset \bigcap_{m=0}^{k} F_{i_m},$$

KKM 引理 (引理 1.4.3) 断言此时必有 $\bigcap_{i=0}^{n} F_i \neq \varnothing$.

显然, σ 是 R^n 中的有界闭凸集.

$\forall x = (x_0, x_1, \cdots, x_n) \in \sigma, \forall y = (y_0, y_1, \cdots, y_n) \in \sigma$, 定义

$$f(x,y) = -\|x-y\|,$$

$$g(x,y)=\sum_{i=0}^{n}y_i d(x,F_i).$$

容易验证, $f,g:\sigma\times\sigma\to R$ 连续, $\forall y\in\sigma$, $x\to f(x,y)$ 在 σ 上是凹的, $\forall x\in\sigma$, $y\to g(x,y)$ 在 σ 上是凹的.

由定理 6.5.1, 存在 $x^*=(x_0^*,x_1^*,\cdots,x_n^*)\in\sigma$, $y^*=(y_0^*,y_1^*,\cdots,y_n^*)\in\sigma$, 使

$$-\|x^*-y^*\|=\max_{x\in\sigma}[-\|x-y^*\|]=-\min_{x\in\sigma}\|x-y^*\|=0,$$

$$\sum_{i=0}^{n}y_i^* d(x^*,F_i)=\max_{y\in\sigma}\sum_{i=0}^{n}y_i d(x^*,F_i)=\max_{i=0,1,\cdots,n}d(x^*,F_i).$$

将 $x^*=y^*$ 代入上式, 得

$$\sum_{i=0}^{n}x_i^* d(x^*,F_i)=\max_{i=0,1,\cdots,n}d(x^*,F_i).$$

令 $I(x^*)=\{i:x_i^*>0\}$, 则 $I(x^*)\neq\varnothing$,

$$\sum_{i\in I(x^*)}x_i^* d(x^*,F_i)=\sum_{i=0}^{n}x_i^* d(x^*,F_i)=\max_{i=0,1,\cdots,n}d(x^*,F_i).$$

$\forall i\in I(x^*)$, 此时必有 $d(x^*,F_i)=\max\limits_{i=0,1,\cdots,n}d(x^*,F_i)$.

因 $x^*\in\mathrm{co}\{v^i:i\in I(x^*)\}\subset\bigcup\limits_{i\in I(x^*)}F_i$, 存在 $i_0\in I(x^*)$, 使 $x^*\in F_{i_0}$, 故 $d(x^*,F_{i_0})=0$, $\max\limits_{i=0,1,\cdots,n}d(x^*,F_i)=0$. $\forall i=0,1,\cdots,n$, $d(x^*,F_i)=0$, 因 F_i 是闭集, 有 $x^*\in F_i$, $\bigcap\limits_{i=0}^{n}F_i\neq\varnothing$.

(3) 凹博弈 Nash 平衡点的存在性定理 ⇒ 变分不等式解的存在性定理

设 X 是 R^n 中的非空有界闭凸集, $\varphi:X\to X$ 连续, 则存在 $x^*\in X$, 使 $\forall y\in X$, 有 $\langle\varphi(x^*),y-x^*\rangle\geqslant 0$. 这就是变分不等式解的存在性定理 (定理 1.4.6).

$\forall x\in X,\forall y\in X$, 定义

$$f(x,y)=-\|x-y\|,$$

$$g(x,y)=\langle\varphi(x),x-y\rangle.$$

容易验证: $f,g:X\times X\to R$ 连续, $\forall y\in X$, $x\to f(x,y)$ 在 X 上是凹的, $\forall x\in X$, $y\to g(x,y)$ 在 X 上是凹的.

由定理 6.5.1, 存在 $x^* \in X$, 存在 $y^* \in Y$, 使

$$-\|x^*-y^*\| = \max_{x\in X}[-\|x-y^*\|] = -\min_{x\in X}\|x-y^*\| = 0,$$

$$\langle\varphi(x^*), x^*-y^*\rangle = \max_{y\in X}\langle\varphi(x^*), x^*-y\rangle.$$

将 $x^*=y^*$ 代入上式, 得

$$\max_{y\in X}\langle\varphi(x^*), x^*-y\rangle = 0,$$

于是 $\forall y\in X$, 有

$$\langle\varphi(x^*), x^*-y\rangle \leqslant 0,$$

最后得 $\forall y\in X$, 有

$$\langle\varphi(x^*), y-x^*\rangle \geqslant 0.$$

(4) 凹博弈 Nash 平衡点的存在性定理 $\Rightarrow$ 自由配置平衡价格的存在性定理 (超需映射是连续映射)

设 $\varphi: P\to R^l$ 连续, 且满足弱 Walras 律, 即 $\forall p\in P$, $\langle p,\varphi(p)\rangle \leqslant 0$. 则存在 $p^*\in P$, 使 $\varphi(p^*)\leqslant\mathbf{0}$. 这就是自由配置平衡价格的存在性定理 (超需映射是连续映射).

$\forall p\in P, \forall q\in P$, 定义

$$f(p,q) = -\|p-q\|,$$

$$g(p,q) = \langle q,\varphi(p)\rangle.$$

容易验证: $f,g: P\times P\to R$ 连续, $\forall q\in P$, $p\to f(p,q)$ 在 P 上是凹的, $\forall p\in P$, $q\to g(p,q)$ 在 P 上是凹的.

由定理 6.5.1, 存在 $p^*\in P$, 存在 $q^*\in P$, 使

$$-\|p^*-q^*\| = \max_{p\in P}[-\|p-q^*\|] = -\min_{p\in P}\|p-q^*\| = 0,$$

$$\langle q^*,\varphi(p^*)\rangle = \max_{q\in P}\langle q,\varphi(p^*)\rangle.$$

将 $p^*=q^*$ 代入上式, 因弱 Walras 律成立, 得

$$\max_{q\in P}\langle q,\varphi(p^*)\rangle = \langle p^*,\varphi(p^*)\rangle \leqslant 0,$$

从而 $\forall q\in P$, 有

$$\langle q,\varphi(p^*)\rangle \leqslant 0.$$

记 $\varphi(p^*) = (\varphi_1(p^*), \cdots, \varphi_l(p^*)) \in R^l$, 如果存在 i_0, 使 $\varphi_{i_0}(p^*) > 0$, 则令 $\bar{q} = (\bar{q}_1, \cdots, \bar{q}_l)$, 其中 $\bar{q}_{i_0} = 1$, $\bar{q}_i = 0 (i \neq i_0)$, 则 $\bar{q} \in P$, 而 $\langle \bar{q}, \varphi(p^*) \rangle = \varphi_{i_0}(p^*) > 0$, 矛盾, 故 $\varphi(p^*) \leqslant \mathbf{0}$.

注 6.6.2 实际上, 可以应用变分不等式解的存在性定理来直接推出自由配置平衡价格的存在性定理 (超需映射是连续映射). 证明如下:

因 $\varphi : P \to R^l$ 连续, 故 $-\varphi : P \to R^l$ 也连续. 由变分不等式解的存在性定理 (定理 1.4.6), 存在 $p^* \in P$, 使 $\forall q \in P$, 有

$$\langle -\varphi(p^*), q - p^* \rangle \geqslant 0,$$

即

$$\langle \varphi(p^*), q - p^* \rangle \leqslant 0.$$

因弱 Walras 律成立, $\forall q \in P$, 有

$$\langle \varphi(p^*), q \rangle \leqslant \langle \varphi(p^*), p^* \rangle \leqslant 0.$$

同以上 (4) 的证明, 此时必有 $\varphi(p^*) \leqslant \mathbf{0}$.

注 6.6.3 也可以应用 KKM 引理来直接推出自由配置平衡价格的存在性定理 (超需映射是连续映射). 证明如下:

价格单纯形 $P = \mathrm{co}\{e^1, \cdots, e^l\}$, 其中 $e^1 = (1, 0, \cdots, 0), \cdots, e^l = (0, \cdots, 0, 1)$. $\forall i = 1, \cdots, l$, 令 $F_i = \{p \in P : f_i(p) \leqslant 0\}$, 因 $f : P \to R^l$ 连续, 故 F_i 是闭集. 对任意 $i_1, \cdots, i_k (k = 1, \cdots, l)$, 要证明

$$\mathrm{co}\{e^{i_1}, \cdots, e^{i_k}\} \subset \bigcup_{m=1}^{k} F_{i_m}.$$

用反证法, 如果上式不成立, 则存在 $p \in \mathrm{co}\{e^{i_1}, \cdots, e^{i_k}\}$, 而 $p \notin F_{i_m}$, 即 $f_{i_m}(p) > 0$, $m = 1, \cdots, k$, 则 $\langle p, f(p) \rangle = \sum_{m=1}^{k} p_{i_m} f_{i_m}(p) > 0$, 矛盾.

这样, 由 KKM 引理 (引理 1.4.3), 必有 $\bigcap_{i=1}^{l} F_i \neq \varnothing$. 取 $p^* \in \bigcap_{i=1}^{l} F_i$, 则 $\forall i = 1, \cdots, l$, 有 $p^* \in F_i$, $f_i(p^*) \leqslant 0$, 最后得 $f(p^*) \leqslant \mathbf{0}$.

注 6.6.4 也可以应用广义变分不等式解的存在性定理来直接推出自由配置平衡价格的存在性定理 (超需映射是集值映射). 证明如下:

因 $F : P \to P_0\left(R^l\right)$ 上半连续, $\forall p \in P$, 定义 $G(p) = -F(p)$, 则集值映射 $G : P \to P_0\left(R^l\right)$ 上半连续, 且 $\forall p \in P$, $G(p)$ 是 R^l 中的非空有界闭凸集, 由广义变分不等式解的存在性定理 (定理 1.4.7), 存在 $p^* \in P$, 存在 $z^* \in G(p^*) = -F(p^*)$, 即 $-z^* \in F(p^*)$, 使 $\forall p \in P$, 有

$$\langle z^*, p - p^* \rangle \geqslant 0,$$

因 $-z^* \in F(p^*)$, 得 $\langle p^*, z^* \rangle \geqslant 0$, $\forall p \in P$, 有

$$\langle p, z^* \rangle \geqslant \langle p^*, z^* \rangle \geqslant 0.$$

同 (4) 中证明, 必有 $z^* \in R_+^n$, $-z^* \in -R_+^n$, 故 $F(p^*) \cap \left(-R_+^n\right) \neq \varnothing$.

在第 6.2 节中, 曾用自由配置均衡价格的存在性定理 (定理 6.1.1) 直接证明了 Brouwer 不动点定理. 在这一节的最后, 我们将用 Gale-Nikaido-Debreu 引理 (定理 6.3.1) 来直接证明 Kakutani 不动点定理. 这一结果和技巧都是新的.

设 $P = \left\{p = (p_1, \cdots, p_l) : p_i \geqslant 0, i = 1, \cdots, l, \sum_{i=1}^{l} p_i = 1\right\}$, 集值映射 $F : P \to P_0(P)$ 满足 $\forall p \in P$, F 在 p 是上半连续的, 且 $F(p)$ 是 P 中的非空闭凸集, 要证明存在 $p^* \in P$, 使 $p^* \in F(p^*)$.

$\forall p \in P$, 定义集值映射 $G : P \to P_0\left(R^l\right)$ 如下:

$$G(p) = \bigcup_{z \in F(p)} \left[z - \frac{\langle p, z \rangle}{\langle p, p \rangle} p\right].$$

(1) 以下证明 $G(p)$ 是闭集. $\forall y_m \in G(p)$, $y_m \to y$, 则存在 $z_m \in F(p)$, 使 $y_m = z_m - \dfrac{\langle p, z_m \rangle}{\langle p, p \rangle} p$. 因 $F(p)$ 是有界闭集, 不妨设 $z_m \to z \in F(p)$, 则 $\langle p, z_m \rangle \to \langle p, z \rangle$,

$$y = z - \frac{\langle p, z \rangle}{\langle p, p \rangle} p \in G(p),$$

$G(p)$ 必是闭集.

(2) 以下证明 $G(p)$ 是凸集. $\forall y_1, y_2 \in G(p)$, $\forall \lambda \in (0, 1)$, 则存在 $z_1, z_2 \in F(p)$, 使 $y_1 = z_1 - \dfrac{\langle p, z_1 \rangle}{\langle p, p \rangle} p$, $y_2 = z_2 - \dfrac{\langle p, z_2 \rangle}{\langle p, p \rangle} p$. 因 $F(p)$ 是凸集, 有 $\lambda z_1 + (1 - \lambda) z_2 \in F(p)$, 且

$$\lambda y_1 + (1 - \lambda) y_2 = \lambda z_1 + (1 - \lambda) z_2 - \frac{\langle p, \lambda z_1 + (1 - \lambda) z_2 \rangle}{\langle p, p \rangle} p \in G(p),$$

$G(p)$ 必是凸集.

(3) 以下证明集值映射 G 在 $p\in P$ 是上半连续的. $\forall y\in G(p)$,

$$\begin{aligned}\|y\|&\leqslant \|z\|+\frac{|\langle p,z\rangle|}{\|p\|^2}\|p\|\\&\leqslant \|z\|+\frac{\|p\|\,\|z\|}{\|p\|^2}\|p\|\\&=2\|z\|\leqslant 2M,\end{aligned}$$

其中 $M=\sup\limits_{z\in F(p)}\|z\|<\infty$, 这说明 $G(P)$ 是有界的.

由定理 1.3.1, 要证明集值映射 G 在 P 上是上半连续的, 只需要证明集值映射 G 是闭的, 即要证明 $\forall p_m\to p$, $\forall y_m\in G(p_m)$, $y_m\to y$, 则 $y\in G(p)$. 事实上, 由 $y_m\in G(p_m)$, 则存在 $z_m\in F(p_m)$, 使 $y_m=z_m-\dfrac{\langle p_m,z_m\rangle}{\langle p_m,p_m\rangle}p_m$. 因 $z_m\in P$, P 是有界闭集, 不妨设 $z_m\to z\in P$. 因集值映射 F 在 z 是上半连续的, 由引理 1.3.2, 有 $z\in F(p)$,

$$y=z-\frac{\langle p,z\rangle}{\langle p,p\rangle}p\in G(p).$$

$\forall p\in P,\forall y\in G(p)$, 易知 $\langle p,y\rangle=0$.

由 Gale-Nikaido-Debreu 引理, 存在 $p^*\in P$, 存在 $y^*\in G(p^*)$, 而 $y^*\leqslant\mathbf{0}$. 因 $y^*\in G(p^*)$, 存在 $z^*\in F(p^*)\subset P$, 使

$$y^*=z^*-\frac{\langle p^*,z^*\rangle}{\langle p^*,p^*\rangle}p^*\leqslant\mathbf{0}.$$

令 $I(p^*)=\{i:p_i^*>0\}$, 则 $I(p^*)\neq\varnothing$.

$\forall i\notin I(p^*)$, 由 $0\leqslant z_i^*\leqslant\dfrac{\langle p^*,z^*\rangle}{\langle p^*,p^*\rangle}p_i^*=0$, 得 $z_i^*=0$.

$\forall i\in I(p^*)$, 因 $p_i^*>0, y_i^*\leqslant 0$, 有 $p_i^*y_i^*\leqslant 0$, 由 $\langle p^*,y^*\rangle=\sum\limits_{i\in I(p^*)}p_i^*y_i^*=0$, 得 $\forall i\in I(p^*)$, 有 $p_i^*y_i^*=0, y_i^*=0, z_i^*=\dfrac{\langle p^*,z^*\rangle}{\langle p^*,p^*\rangle}p_i^*$.

注意到此式对 $i\notin I(p^*)$ 也成立, 对所有 i 求和, 得

$$1=\sum_{i=1}^{l}z_i^*=\frac{\langle p^*,z^*\rangle}{\langle p^*,p^*\rangle}\sum_{i=1}^{l}p_i^*=\frac{\langle p^*,z^*\rangle}{\langle p^*,p^*\rangle},$$

于是 $\forall i=1,\cdots,l$, 有 $z_i^*=p_i^*$, $z^*=p^*$, 最后得 $p^*\in F(p^*)$.

第 7 讲　Bayes 博弈与主从博弈

本讲将给出 Bayes 博弈和主从博弈平衡点的存在性定理, 主要参考了文献 [12].

7.1　Bayes 博弈平衡点的存在性

以下模型是由 Harsanyi 提出的 [5].

设 $N = \{1, \cdots, n\}$ 是局中人的集合, $\forall i \in N$, 局中人 i 的策略集是 X_i, 类型集是 T_i(假定 T_i 是有限集), 支付函数是 $u_i : X \times T \to R$, 其中 $X = \prod_{i=1}^{n} X_i$, $T = \prod_{i=1}^{n} T_i$. $p : T \to [0,1]$ 是所有类型组合 $t = (t_1, \cdots, t_n)$ 的概率分布, 它是所有局中人的共同知识.

$\forall i \in N$, 局中人 i 知道自己的真实类型 $t_i \in T_i$, 而不确切知道其他 $n-1$ 个局中人的真实类型, 信息是不对称的, 但是他可以由以下 Bayes 公式来确定其他 $n-1$ 个局中人类型为 $t_{\hat{i}}$ 的概率:

$$p_i\left(\frac{t_{\hat{i}}}{t_i}\right) = \frac{p\left(t_i, t_{\hat{i}}\right)}{\sum\limits_{t_{\hat{i}} \in T_{\hat{i}}} p\left(t_i, t_{\hat{i}}\right)}.$$

因此, 局中人 i 的期望支付函数为

$$f_i\left(x_i, x_{\hat{i}}\right) = \sum_{t_{\hat{i}} \in T_{\hat{i}}} p_i\left(\frac{t_{\hat{i}}}{t_i}\right) u_i\left(x_i, x_{\hat{i}}, t_i, t_{\hat{i}}\right),$$

其中 $x_i \in X_i$ 和 $x_{\hat{i}} \in X_{\hat{i}}$ 分别是局中人 i 和其他 $n-1$ 个局中人选择的策略.

如果存在 $x^* = (x_1^*, \cdots, x_n^*) \in X$, 使 $\forall i \in N$, 有

$$f_i\left(x_i^*, x_{\hat{i}}^*\right) = \max_{w_i \in X_i} f_i\left(w_i, x_{\hat{i}}^*\right),$$

则称 x^* 是此 Bayes 博弈的平衡点.

因为平衡点 x^* 依赖于每个局中人的真实类型 $t_1, \cdots, t_n$, 因此有些文献也将平衡点记为 $(x_1^*(t_1), \cdots, x_n^*(t_n)) \in X$.

定理 7.1.1 $\forall i \in N$, 设 X_i 是 R^{k_i} 中的有界闭凸集, $u_i : X \times T \to R$ 连续, 且 $\forall t \in T, \forall x_{\hat{i}} \in X_{\hat{i}}$, $w_i \to u_i(w_i, x_{\hat{i}}, t)$ 在 X_i 上是凹的, 则 Bayes 博弈的平衡点必存在.

证明 $\forall i \in N$, 显然 $f_i : X \to R$ 连续, $\forall t_{\hat{i}} \in T_{\hat{i}}$, 因 $p_i\left(\dfrac{t_{\hat{i}}}{t_i}\right) \geqslant 0$, 且 $\forall x_{\hat{i}} \in X_{\hat{i}}$, $w_i \to u_i(w_i, x_{\hat{i}}, t)$ 在 X_i 上是凹的, 故 $\forall x_{\hat{i}} \in X_{\hat{i}}, w_i \to f_i(w_i, x_{\hat{i}})$ 在 X_i 上是凹的. 由定理 4.1.2, Bayes 博弈的 Nash 平衡点必存在.

7.2 主从博弈平衡点的存在性

考虑 1 个领导者和 n 个非合作跟随者的博弈.

设有一个领导者, 其策略集是 X, 记 $I = \{1, \cdots, n\}$ 是跟随者的集合, $\forall i \in I$, 跟随者 i 的策略集是 Y_i, 记 $Y = \prod_{i=1}^{n} Y_i$. 领导者的支付函数是 $f : X \times Y \to R$, $\forall i \in I$, 跟随者 i 的支付函数是 $g_i : X \times Y \to R$.

当领导者选取策略 $x \in X$ 时, n 人非合作的跟随者展开竞争, 设平衡点存在, 即存在 $\bar{y} = (\bar{y}_1, \cdots, \bar{y}_n) \in Y$, 使 $\forall i \in I$, 有

$$g_i(x, \bar{y}_i, \bar{y}_{\hat{i}}) = \max_{u_i \in Y_i} g_i(x, u_i, \bar{y}_{\hat{i}}),$$

其中 $\hat{i} = I \backslash \{i\}$.

平衡点一般不是唯一的, 所有平衡点的集合依赖于 x, 记为 $N(x)$, 由 $x \to N(x)$ 就定义了一个集值映射 $N : X \to P_0(Y)$.

既然是领导者, 他就要实现其最大的利益, 因为 $N(x)$ 一般不是单点集, 所以他首先要求 $\max\limits_{y \in N(x)} f(x, y)$, 记 $v(x) = \max\limits_{y \in N(x)} f(x, y)$, 然后他要求 $\max\limits_{x \in X} v(x)$.

因此, 主从博弈平衡点 $(x^*, y^*) \in X \times Y$ 应满足

$$\begin{aligned} &v(x^*) = \max_{x \in X} v(x), \\ &y^* \in N(x^*) \text{ 且 } \forall y \in N(x^*), \quad \text{有 } f(x^*, y^*) \geqslant f(x^*, y), \end{aligned}$$

定理 7.2.1　设 X 是 R^m 中的有界闭集, $\forall i \in I$, Y_i 是 R^{k_i} 中的有界闭凸集, $f: X \times Y \to R$ 上半连续, $\forall i \in I$, $g_i: X \times Y \to R$ 连续, 且 $\forall x \in X$, $\forall y_{\hat{i}} \in Y_{\hat{i}}$, $u_i \to g_i(x, u_i, y_{\hat{i}})$ 在 Y_i 上是凹的, 则主从博弈的平衡点必存在.

证明　$\forall x \in X$, 由定理 4.1.2, $N(x) \neq \varnothing$. 因 Y 是 R^k 中的有界闭集, 其中 $k = k_1 + \cdots + k_n$, 由定理 1.3.1, 要证明集值映射 $N: X \to P_0(Y)$ 是上半连续的, 只需证明 N 是闭的: $\forall x_k \in X$, $\forall y_k \in N(x_k)$, $y_k \to y$, 因 $y_k \in N(x_k)$, 则 $\forall i \in I$, $\forall u_i \in Y_i$, 必有

$$g_i(x_k, y_{ik}, y_{\hat{i}k}) \geqslant g_i(x_k, u_i, y_{\hat{i}k}).$$

因 g_i 连续, 取极限, $\forall u_i \in X_i$, 必有

$$g_i(x, y_i, y_{\hat{i}}) \geqslant g_i(x, u_i, y_{\hat{i}}),$$

即 $y \in N(x)$. 再因集值映射 N 是闭的, $N(x) \subset Y$ 必是有界闭集.

由引理 1.3.7(2), $v(x) = \max\limits_{y \in N(x)} f(x, y)$ 必是上半连续的. 又因 X 是 R^m 中的有界闭集, 由定理 1.1.1(1), 存在 $x^* \in X$, 使

$$v(x^*) = \max_{x \in X} v(x).$$

取 $y^* \in N(x^*)$, 使 $f(x^*, y^*) = v(x^*)$, 则 $\forall y \in N(x^*)$, 有 $f(x^*, y^*) \geqslant f(x^*, y)$, (x^*, y^*) 必是主从博弈的平衡点.

注 7.2.1　关于主从博弈平衡点的存在性定理, 还可见文献 [53, 54].

第 8 讲　多目标博弈与广义多目标博弈

本讲首先给出向量值 Ky Fan 不等式解的存在性定理, 然后应用它们证明了多目标博弈与广义多目标博弈弱 Pareto-Nash 平衡点的存在性定理, 主要参考了文献 [11, 12, 55].

8.1　向量值函数关于 R_+^k 的连续性和凸性

记 $R_+^k = \{(x_1, \cdots, x_k) \in R^k : x_i \geqslant 0, i = 1, \cdots, k\}$, $\text{int}R_+^k = \{(x_1, \cdots, x_k) \in R^k : x_i > 0, i = 1, \cdots, k\}$. 易知以下各式成立:

$$
\begin{aligned}
&R_+^k + R_+^k = R_+^k,\\
&R_+^k + \text{int}R_+^k = \text{int}R_+^k,\\
&\text{int}R_+^k + \text{int}R_+^k = \text{int}R_+^k,\\
&\lambda R_+^k = R_+^k\,(\lambda > 0),\\
&\lambda \text{int}R_+^k = \text{int}R_+^k\,(\lambda > 0)\,.
\end{aligned}
$$

设 X 是 R^n 中的一个非空子集, $f : X \to R^k$ 是一个向量值函数, $x \in X$, 如果对 R^k 中 $\mathbf{0}$ 的任何开邻域 V, 存在 x 在 X 中的开邻域 $O(x)$, 使 $\forall x' \in O(x)$, 有

$$
f(x') \in f(x) + V - R_+^k (\text{或 } f(x') \in f(x) + V + R_+^k),
$$

则称 f 在 x 是 R_+^k 上半连续的 (或 R_+^k 下半连续的). 如果 $\forall x \in X$, 向量值函数 f 在 x 是 R_+^k 上半连续的 (或 R_+^k 下半连续的), 则称 f 在 X 上是 R_+^k 上半连续的 (或 R_+^k 下半连续的).

引理 8.1.1　设 V 是 R^k 中 $\mathbf{0}$ 的任何开邻域, 则

(1) 存在 R^k 中 $\mathbf{0}$ 的开邻域 W, 使 $W = -W$, 且 $W \subset V$;

(2) 存在 R^k 中两个 $\mathbf{0}$ 的开邻域 V_1 和 V_2, 使 $V_1 + V_2 \subset V$.

证明　(1) 因 V 是 R^k 中 $\mathbf{0}$ 的开邻域, 存在 $\delta > 0$, 使 $O(0, \delta) \subset V$. 记 $W = O(0, \delta)$, 则 $W = -W$, 且 $W \subset V$.

(2) 同上, 令 $V_1 = V_2 = O\left(0, \dfrac{\delta}{2}\right)$, 则 V_1 和 V_2 是两个 $\mathbf{0}$ 的开邻域, 且 $V_1 + V_2 \subset V$.

引理 8.1.2　如果向量值函数 $f: X \to R^k$ 在 x 是 R_+^k 上半连续的, 则 $-f$ 在 x 是 R_+^k 下半连续的.

证明　对 R_+^k 中 $\mathbf{0}$ 的任何开邻域 V, 由引理 8.1.1(1), 存在 R_+^k 中 $\mathbf{0}$ 的开邻域 W, 使 $W = -W$ 且 $W \subset V$. 因 f 在 x 是 R_+^k 上半连续的, 存在 x 在 X 中的开邻域 $O(x)$, 使 $\forall x' \in O(x)$, 有 $f(x') \in f(x) + W - R_+^k$, 于是

$$-f(x') \in -f(x) - W + R_+^k = -f(x) + W + R_+^k \subset -f(x) + V + R_+^k,$$

这表明向量值函数 $-f$ 在 x 是 R_+^k 下半连续的.

引理 8.1.3　设向量值函数 $f, g: X \to R^k$ 在 $x \in X$ 是 R_+^k 上半连续的 (或 R_+^k 下半连续的), 则

(1) $f + g$ 在 x 是 R_+^k 上半连续的 (或 R_+^k 下半连续的)；

(2) $\forall \lambda > 0$, λf 在 x 是 R_+^k 上半连续的 (或 R_+^k 下半连续的).

证明　(1) 对 R^k 中 $\mathbf{0}$ 的任何开邻域 V, 由引理 8.1.1(2), 存在 R^k 中两个 $\mathbf{0}$ 的开邻域 V_1 和 V_2, 使 $V_1 + V_2 \subset V$. 因 $f, g: X \to R^k$ 在 x 是 R_+^k 上半连续的, 存在 x 在 X 中的开邻域 $O(x)$, 使 $\forall x' \in O(x)$, 有

$$f(x') \in f(x) + V_1 - R_+^k,$$
$$g(x') \in g(x) + V_2 - R_+^k.$$

故

$$f(x') + g(x') \in f(x) + g(x) + V_1 + V_2 - R_+^k - R_+^k \subset f(x) + g(x) + V - R_+^k,$$

向量值函数 $f + g$ 在 x 必是 R_+^k 上半连续的.

(2) 对 R^k 中 $\mathbf{0}$ 的任何开邻域 V, 存在 R^k 中 $\mathbf{0}$ 的开邻域 U, 使 $\lambda U \subset V$. 因 f 在 x 是 R_+^k 上半连续的, 存在 x 在 X 中的开邻域 $O(x)$, 使 $\forall x' \in O(x)$, 有

$$f(x') \in f(x) + U + R_+^k,$$

故

$$\lambda f(x') \in \lambda f(x) + \lambda U + \lambda R_+^k \subset \lambda f(x) + V + R_+^k,$$

向量值函数 λf 在 x 必是 R_+^k 上半连续的.

引理 8.1.4 设 X 是 R^n 中的一个非空子集, 向量值函数 $f: X \to R^k$ 在 X 上是 R_+^k 下半连续的, 则 $G = \left\{x \in X : f(x) \in \mathrm{int}R_+^k\right\}$ 必是 X 中的开集.

证明 如果 $G = \varnothing$, 则它必是开集. 以下假定 $G \neq \varnothing$. $\forall x \in G$, 则 $f(x) \in \mathrm{int}R_+^k$, 存在 R^k 中 $\mathbf{0}$ 的开邻域 V, 使 $f(x) + V \subset \mathrm{int}R_+^k$. 因 f 在 x 是 R_+^k 下半连续的, 存在 x 在 X 中的开邻域 $O(x)$, 使 $\forall x' \in O(x)$, 有

$$f(x') \in f(x) + V + R_+^k \subset \mathrm{int}R_+^k + R_+^k = \mathrm{int}R_+^k,$$

$x' \in G, O(x) \subset G, x$ 必是 G 的内点, G 必是开集.

注 8.1.1 如果向量值函数 $f: X \to R^k$ 在 X 上是 R_+^k 下半连续的, 由引理 8.1.4, 则 $F = \left\{x \in X : f(x) \notin \mathrm{int}R_+^k\right\}$ 必是 X 中的闭集.

设 X 是 R^n 中的非空凸集, $f: X \to R^k$ 是一个向量值函数, 如果 $\forall x_1, x_2 \in X$, $\forall \lambda \in (0,1)$, 有

$$\lambda f(x_1) + (1-\lambda) f(x_2) - f(\lambda x_1 + (1-\lambda) x_2) \in R_+^k,$$

则称向量值函数 f 在 X 上是 R_+^k 凸的.

如果 $-f$ 在 X 上是 R_+^k 凸的, 则称向量值函数 f 在 X 上是 R_+^k 凹的, 此时 $\forall x_1, x_2 \in X, \forall \lambda \in (0,1)$, 有

$$f(\lambda x_1 + (1-\lambda) x_2) - [\lambda f(x_1) + (1-\lambda) f(x_2)] \in R_+^k.$$

如果 $\forall x_1, x_2 \in X, \forall \lambda \in (0,1), \forall y \in R^k$, 由 $f(x_1) \in y - R_+^k$ (或 $f(x_1) \in y + R_+^k$), $f(x_2) \in y - R_+^k$ (或 $f(x_2) \in y + R_+^k$), 可推得

$$f(\lambda x_1 + (1-\lambda) x_2) \in y - R_+^k (\text{ 或 } f(\lambda x_1 + (1-\lambda) x_2) \in y + R_+^k),$$

则称向量值函数 f 在 X 上是 R_+^k 拟凸的 (或 R_+^k 拟凹的).

引理 8.1.5 如果向量值函数 f 在 X 上是 R_+^k 拟凸的, 则 $-f$ 在 X 上是 R_+^k 拟凹的.

证明 $\forall x_1, x_2 \in X, \forall \lambda \in (0,1), \forall y \in R^k$, 如果 $-f(x_1) \in y + R_+^k$, $-f(x_2) \in y + R_+^k$, 则 $f(x_1) \in -y - R_+^k$, $f(x_2) \in -y - R_+^k$. 因 f 在 X 上是 R_+^k 拟凸的, $-y \in R^k$, 则 $f(\lambda x_1 + (1-\lambda) x_2) \in -y - R_+^k$, 从而有 $-f(\lambda x_1 + (1-\lambda) x_2) \in y + R_+^k$, 向量值函数 $-f$ 在 X 上是 R_+^k 拟凹的.

引理 8.1.6　如果向量值函数 f 在 X 上是 R_+^k 凸的 (或 R_+^k 凹的), 则 f 在 X 上必是 R_+^k 拟凸的 (或 R_+^k 拟凹的).

证明　$\forall x_1, x_2 \in X, \forall \lambda \in (0,1), \forall y \in R^k$, 如果 $f(x_1) \in y - R_+^k$, $f(x_2) \in y - R_+^k$, 则

$$\lambda f(x_1) \in \lambda y - \lambda R_+^k = \lambda y - R_+^k, (1-\lambda) f(x_2) \in (1-\lambda) y - (1-\lambda) R_+^k = (1-\lambda) y - R_+^k,$$

从而有

$$\lambda f(x_1) + (1-\lambda) f(x_2) \in \lambda y - R_+^k + (1-\lambda) y - R_+^k = y - R_+^k.$$

因 f 在 X 上是 R_+^k 凸的, 得

$$f(\lambda x_1 + (1-\lambda) x_2) \in \lambda f(x_1) + (1-\lambda) f(x_2) - R_+^k \subset y - R_+^k - R_+^k = y - R_+^k,$$

向量值函数 f 在 X 上必是 R_+^k 拟凸的.

引理 8.1.7　设向量值函数 $f, g: X \to R^k$ 在 X 上是 R_+^k 凸的 (或 R_+^k 凹的), 则

(1) $f+g$ 在 X 上是 R_+^k 凸的 (或 R_+^k 凹的);

(2) $\forall t > 0$, tf 在 X 上是 R_+^k 凸的 (或 R_+^k 凹的).

证明　(1) $\forall x_1, x_2 \in X, \forall \lambda \in (0,1)$, 因 f, g 在 X 上是 R_+^k 凸的, 有

$$\lambda f(x_1) + (1-\lambda) f(x_2) - f(\lambda x_1 + (1-\lambda) x_2) \in R_+^k,$$
$$\lambda g(x_1) + (1-\lambda) g(x_2) - g(\lambda x_1 + (1-\lambda) x_2) \in R_+^k,$$

故

$$\lambda (f(x_1) + g(x_1)) + (1-\lambda)(f(x_2) + g(x_2)) - [f(\lambda x_1 + (1-\lambda) x_2) + g(\lambda x_1 + (1-\lambda) x_2)] \in R_+^k + R_+^k = R_+^k,$$

向量值函数 $f+g$ 在 X 上必是 R_+^k 凸的.

(2) $\forall x_1, x_2 \in X, \forall \lambda \in (0,1)$, 因 f 在 X 上是 R_+^k 凸的, 有

$$\lambda f(x_1) + (1-\lambda) f(x_2) - f(\lambda x_1 + (1-\lambda) x_2) \in R_+^k,$$

因 $t > 0$,

$$\lambda (tf(x_1)) + (1-\lambda)(tf(x_2)) - tf(\lambda x_1 + (1-\lambda) x_2) \in tR_+^k = R_+^k,$$

向量值函数 tf 在 X 上必是 R_+^k 凸的.

引理 8.1.8 如果 X 是 R^n 中的凸集, 向量值函数 $f: X \to R^k$ 在 X 上是 R_+^k 拟凸的, 则 $G = \{x \in X : f(x) \in \mathrm{int}R_+^k\}$ 必是凸集.

证明 如果 $G = \varnothing$, 则它必是凸集. 以下假定 $G \neq \varnothing$. $\forall x_1, x_2 \in G$, 则 $x_1, x_2 \in X$, $f(x_1) \in \mathrm{int}R_+^k$, $f(x_2) \in \mathrm{int}R_+^k$. $\forall \lambda \in (0,1)$, 有 $\lambda x_1 + (1-\lambda) x_2 \in X$, 且存在 R^k 中 $\mathbf{0}$ 的开邻域 V, 使 $f(x_1) + V \subset \mathrm{int}R_+^k$, $f(x_2) + V \subset \mathrm{int}R_+^k$. 由引理 8.1.1(1), 不妨设 $V = -V$. 任取 $z \in \mathrm{int}R_+^k$, 当 $t > 0$ 充分小时, 必有 $tz \in \mathrm{int}R_+^k$, 且 $tz \in V$. 注意到 $-tz \in V$. 令 $y = -tz$, 则 $f(x_1) + y \in \mathrm{int}R_+^k \subset R_+^k$, $f(x_2) + y \in \mathrm{int}R_+^k \subset R_+^k$. 因 f 在 X 上是 R_+^k 拟凸的, 有 $f(\lambda x_1 + (1-\lambda) x_2) + y \in R_+^k$. 这样

$$f(\lambda x_1 + (1-\lambda) x_2) \in -y + R_+^k = tz + R_+^k \subset \mathrm{int}R_+^k + R_+^k = \mathrm{int}R_+^k,$$

$\lambda x_1 + (1-\lambda) x_2 \in G$, G 必是凸集.

引理 8.1.9 设 X 是 R^n 中的非空子集, 向量值函数 $f = (f_1, \cdots, f_k): X \to R^k$, 其中函数 $f_j: X \to R$, $j = 1, \cdots, k$, 则

(1) 向量值函数 f 在 X 上是 R_+^k 上半连续的当且仅当函数 f_j 在 X 上是上半连续的, $j = 1, \cdots, k$;

(2) 向量值函数 f 在 X 上是 R_+^k 下半连续的当且仅当函数 f_j 在 X 上是下半连续的, $j = 1, \cdots, k$.

证明 只证 (1). 必要性. $\forall x \in X$, $\forall \varepsilon > 0$, 令 $V = ((-\varepsilon, \varepsilon), \cdots, (-\varepsilon, \varepsilon))$(共 k 个开区间), 这是 R^k 中 $\mathbf{0}$ 的开邻域, 因 f 在 x 是 R_+^k 上半连续的, 存在 x 在 X 中的开邻域 $O(x)$, 使 $\forall x' \in O(x)$, 有

$$f(x') \in f(x) + V - R_+^k = ((-\infty, f_1(x) + \varepsilon), \cdots, (-\infty, f_k(x) + \varepsilon)),$$

即 $\forall j = 1, \cdots, k$, $\forall x' \in O(x)$, 有 $f_j(x') < f_j(x) + \varepsilon$, f_j 在 x 是上半连续的.

充分性. $\forall x \in X$, 对 R^k 中 $\mathbf{0}$ 的任意开邻域 V, 存在 $\varepsilon > 0$, 使 $((-\varepsilon, \varepsilon), \cdots, (-\varepsilon, \varepsilon)) \in V$. $\forall j = 1, \cdots, k$, 因 f_j 在 x 是上半连续的, 存在 x 在 X 中的开邻域 $O(x)$, 使 $\forall x' \in O(x)$, 有 $f_j(x') < f_j(x) + \varepsilon$. 这样,

$$\begin{aligned} f(x') \in ((-\infty, f_1(x)+\varepsilon), \cdots, (-\infty, f_k(x)+\varepsilon)) &= f(x) + ((-\varepsilon, \varepsilon), \cdots, (-\varepsilon, \varepsilon)) - R_+^k \\ &\subset f(x) + V - R_+^k, \end{aligned}$$

f 在 x 是 R_+^k 上半连续的.

引理 8.1.10　设 X 是 R^n 中的非空凸集, 向量值函数 $f=(f_1,\cdots,f_k):X\to R^k$, 其中函数 $f_j:X\to R$, $j=1,\cdots,k$, 则

(1) 向量值函数 f 在 X 上是 R_+^k 拟凸的当且仅当函数 f_j 在 X 上是拟凸的, $j=1,\cdots,k$;

(2) 向量值函数 f 在 X 上是 R_+^k 拟凹的当且仅当函数 f_j 在 X 上是拟凹的, $j=1,\cdots,k$;

(3) 向量值函数 f 在 X 上是 R_+^k 凸的当且仅当函数 f_j 在 X 上是凸的, $j=1,\cdots,k$;

(4) 向量值函数 f 在 X 上是 R_+^k 凹的当且仅当函数 f_j 在 X 上是凹的, $j=1,\cdots,k$.

证明　只证 (1) 和 (3). 先证 (1).

必要性. $\forall x_1,x_2\in X$, $\forall\lambda\in(0,1)$, $\forall j=1,\cdots,k$, 令 $y_j=\max\{f_j(x_1),f_j(x_2)\}$, $y=(y_1,\cdots,y_k)\in R^k$, 则 $f(x_1)\in y-R_+^k$, $f(x_2)\in y-R_+^k$. 因 f 在 X 上是 R_+^k 拟凸的, 有 $f(\lambda x_1+(1-\lambda)x_2)\in y-R_+^k$, 这表明 $\forall j=1,\cdots,k$, 有 $f_j(\lambda x_1+(1-\lambda)x_2)=y_j-r_j$, 其中 $r_j\geqslant 0$. 于是

$$f_j(\lambda x_1+(1-\lambda)x_2)\leqslant y_j=\max\{f_j(x_1),f_j(x_2)\},$$

f_j 在 X 上必是拟凸的, $j=1,\cdots,k$.

充分性. $\forall x_1,x_2\in X$, $\forall\lambda\in(0,1)$, $\forall y\in R^k$, 如果 $f(x_1)\in y-R_+^k$, $f(x_2)\in y-R_+^k$, 则 $\forall j=1,\cdots,k$, 有 $f_j(x_1)=y_j-r_{1j}$, $f_j(x_2)=y_j-r_{2j}$, 其中 $r_{1j}\geqslant 0$, $r_{2j}\geqslant 0$. 因 f_j 在 X 上是拟凸的, 则

$$f_j(\lambda x_1+(1-\lambda)x_2)\leqslant \max\{f_j(x_1),f_j(x_2)\}=y_j-r_j,$$

其中 $r_j=\min\{r_{1j},r_{2j}\}\geqslant 0$, 从而 $f_j(\lambda x_1+(1-\lambda)x_2)=y_j-r_j'$, 其中 $r_j'\geqslant r_j\geqslant 0$. 令 $r'=(r_1',\cdots,r_k')\in R_+^k$, 则

$$f(\lambda x_1+(1-\lambda)x_2)=y-r'\in y-R_+^k,$$

f 在 X 上是 R_+^k 拟凸的.

再证 (3). 必要性. $\forall x_1,x_2\in X$, $\forall\lambda\in(0,1)$, 因 f 在 X 上是 R_+^k 凸的, 故

$$\lambda f(x_1)+(1-\lambda)f(x_2)-f(\lambda x_1+(1-\lambda)x_2)\in R_+^k.$$

$\forall j=1,\cdots,k$, 有

$$f_j(\lambda x_1+(1-\lambda)x_2)\leqslant\lambda f_j(x_1)+(1-\lambda)f_j(x_2),$$

f_j 在 X 上是凸的.

充分性. $\forall x_1,x_2\in X, \forall\lambda\in(0,1), \forall j=1,\cdots,k$, 因 f_j 在 X 上是凸的, 故

$$f_j(\lambda x_1+(1-\lambda)x_2)\leqslant\lambda f_j(x_1)+(1-\lambda)f_j(x_2).$$

令 $r_j=\lambda f_j(x_1)+(1-\lambda)f_j(x_2)-f_j(\lambda x_1+(1-\lambda)x_2)$, 则 $r_j\geqslant 0$, 令 $r=(r_1,\cdots,r_k)\in R_+^k$, 则

$$\lambda f(x_1)+(1-\lambda)f(x_2)-f(\lambda x_1+(1-\lambda)x_2)=r\in R_+^k,$$

f 在 X 上是 R_+^k 凸的.

8.2 向量值 Ky Fan 不等式

定理 8.2.1 设 X 是 R^n 中的非空有界闭凸集, 向量值函数 $\varphi: X\times X\to R^k$ 满足

(1) $\forall y\in X, x\to\varphi(x,y)$ 在 X 上是 R_+^k 下半连续的;

(2) $\forall x\in X, y\to\varphi(x,y)$ 在 X 上是 R_+^k 拟凹的;

(3) $\forall x\in X, \varphi(x,x)\notin \mathrm{int}R_+^k$.

则向量值 Ky Fan 不等式成立, 即存在 $x^*\in X$, 使 $\forall y\in X$, 有 $\varphi(x^*,y)\notin\mathrm{int}R_+^k$.

证明 用反证法. 如果结论不成立, 则 $\forall x\in X$, 存在 $y\in X$, 使 $\varphi(x,y)\in\mathrm{int}R_+^k$. $\forall y\in X$, 令 $F(y)=\{x\in X:\varphi(x,y)\in\mathrm{int}R_+^k\}$, 因 (1) 成立, 由引理 8.1.4, $F(y)$ 是 X 中的开集. 因 $X=\bigcup\limits_{y\in X}F(y)$, 而 X 是 R^n 中的有界闭集, 由有限开覆盖定理, 存在 $y_1,\cdots,y_m\in X$, 使 $X=\bigcup\limits_{i=1}^m F(y_i)$. 设 $\{\beta_i: i=1,\cdots,m\}$ 是从属于开覆盖 $\{F(y_i): i=1,\cdots,m\}$ 的连续单位分划. $\forall x\in X$, 定义 $f(x)=\sum\limits_{i=1}^m\beta_i(x)y_i$.

因 $y_i\in X$, 且 $\forall x\in X, \beta_i(x)\geqslant 0, i=1,\cdots,m, \sum\limits_{i=1}^m\beta_i(x)=1$, 而 X 是凸集, 故 $f(x)\in X$. 又因 $\beta_i(x)$ 连续, $i=1,\cdots,m$, 故 $f: X\to X$ 连续. 由 Brouwer 不动点定理, 存在 $\bar{x}\in X$, 使 $\bar{x}=f(\bar{x})=\sum\limits_{i=1}^m\beta_i(\bar{x})y_i$.

记 $I(\bar{x})=\{i:\beta_i(\bar{x})>0\}$, 则 $I(\bar{x})\neq\varnothing$. $\forall x\in I(\bar{x})$, 则 $\bar{x}\in F(y_i)$, $\varphi(\bar{x},y_i)\in \mathrm{int}R_+^k$. 注意到 $\bar{x}=\sum\limits_{i\in I(\bar{x})}\beta_i(\bar{x})y_i$, $\bar{x}$ 是 $\{y_i:i\in I(\bar{x})\}$ 的凸组合, 因 (2) 成立, 由引理 8.1.8, 有

$$\varphi(\bar{x},\bar{x})=\varphi\left(\bar{x},\sum_{i\in I(\bar{x})}\beta_i(\bar{x})y_i\right)\in \mathrm{int}R_+^k,$$

这与 (3) 矛盾. 从而存在 $x^*\in X$, 使 $\forall y\in X$, 有 $\varphi(x^*,y)\notin \mathrm{int}R_+^k$.

注 8.2.1 以上定理 8.2.1 中的 $x^*\in X$ 称为向量值 Ky Fan 不等式的解. 也可以用 Fan-Browder 不动点定理 (定理 1.4.5) 来简单证明以上定理. $\forall x\in X$, 令 $F(x)=\left\{y\in X:\varphi(x,y)\in \mathrm{int}R_+^k\right\}$, 由引理 8.1.8, $F(x)$ 是凸集. $\forall y\in X$, $F^{-1}(y)=\left\{x\in X:\varphi(x,y)\in \mathrm{int}R_+^k\right\}$, 由引理 8.1.4, $F^{-1}(y)$ 是 X 中的开集. 以下用反证法, 如果定理 8.2.1 不成立, 则 $\forall x\in X$, 有 $F(x)\neq\varnothing$. 由 Fan-Browder 不动点定理, 存在 $\bar{x}\in X$, 使 $\bar{x}\in F(\bar{x})$, 即 $\varphi(\bar{x},\bar{x})\in \mathrm{int}R_+^k$, 这与 (3) 矛盾. 由此存在 $x^*\in X$, 使 $F(x^*)=\varnothing$, 即 $\forall y\in X$, 有 $\varphi(x^*,y)\notin \mathrm{int}R_+^k$.

注 8.2.2 如果 $k=1$, 由引理 8.1.9(2)、引理 8.1.10(2) 和定理 8.2.1, 即得到 Ky Fan 不等式: 设 X 是 R^n 中的非空有界闭凸集, 函数 $\varphi:X\times X\to R$ 满足

(1) $\forall y\in X$, $x\to\varphi(x,y)$ 在 X 上是下半连续的;

(2) $\forall x\in X$, $y\to\varphi(x,y)$ 在 X 上是拟凹的;

(3) $\forall x\in X$, $\varphi(x,x)\leqslant 0$.

则存在 $x^*\in X$, 使 $\forall y\in X$, 有 $\varphi(x^*,y)\leqslant 0$.

系 8.2.1 设 X 是 R^n 中的非空有界闭凸集, 向量值函数 $\psi:X\times X\to R^k$ 满足

(1) $\forall y\in X$, $x\to\psi(x,y)$ 在 X 上是 R_+^k 上半连续的;

(2) $\forall x\in X$, $y\to\psi(x,y)$ 在 X 上是 R_+^k 拟凸的;

(3) $\forall x\in X$, $\psi(x,x)\notin -\mathrm{int}R_+^k$.

则存在 $x^*\in X$, 使 $\forall y\in X$, 有 $\psi(x^*,y)\notin -\mathrm{int}R_+^k$.

证明 $\forall x\in X, \forall y\in X$, 令 $\varphi(x,y)=-\psi(x,y)$. 由引理 8.1.2 和引理 8.1.5, 易知

(1) $\forall y \in X, x \to \varphi(x,y)$ 在 X 上是 R_+^k 下半连续的;

(2) $\forall x \in X, y \to \varphi(x,y)$ 在 X 上是 R_+^k 拟凹的;

(3) $\forall x \in X, \varphi(x,x) \notin \mathrm{int}R_+^k$.

由定理 8.2.1, 存在 $x^* \in X$, 使 $\forall y \in X$, 有 $\varphi(x^*,y) \notin \mathrm{int}R_+^k$, 即 $\psi(x^*,y) \notin -\mathrm{int}R_+^k$.

注 8.2.3 系 8.2.1 中的 $x^* \in X$ 称为向量平衡问题的解, 见文献 [56]. 当 $k=1$ 时, 就得到平衡问题解的存在性定理.

8.3 向量值拟变分不等式

定理 8.3.1 设 X 是 R^n 中的非空有界闭凸集, 集值映射 $G: X \to P_0(X)$ 连续, 且 $\forall x \in X$, $G(x)$ 是 X 中的非空闭凸集, 向量值函数 $\varphi: X \times X \to R^k$ 是 R_+^k 下半连续的, 且满足

(1) $\forall y \in X, x \to \varphi(x,y)$ 在 X 上是 R_+^k 凹的;

(2) $\forall x \in X, \varphi(x,x) \notin \mathrm{int}R_+^k$.

则向量值拟变分不等式的解存在, 即存在 $x^* \in G(x^*)$, 且 $\forall y \in G(x^*)$, 有 $\varphi(x^*,y) \notin \mathrm{int}R_+^k$.

证明 用反证法. 如果结论不成立, 则 $\forall x \in X$, 或者 $x \notin G(x)$, 或者存在 $y \in G(x)$, 使 $\varphi(x,y) \in \mathrm{int}R_+^k$.

如果 $x \notin G(x)$, 由凸集分离定理, 存在 $p \in R^n$, 使

$$\langle p,x\rangle - \max_{y\in G(x)} \langle p,y\rangle > 0.$$

$\forall p \in R^n$, 记 $U(p) = \left\{x \in X: \langle p,x\rangle - \max\limits_{y\in G(x)} \langle p,y\rangle > 0\right\}$, 由定理 1.3.7(3), $x \to \max\limits_{y\in G(x)} \langle p,y\rangle$ 在 X 上是连续的, 故 $x \to \langle p,x\rangle - \max\limits_{y\in G(x)} \langle p,y\rangle$ 在 X 上是连续的, 由引理 1.1.1(2), $U(p)$ 必是开集.

又令 $V_0 = \{x \in X:$ 存在 $y \in G(x)$, 使 $\varphi(x,y) \in \mathrm{int}R_+^k\}$, 以下证明它是开集. $\forall x_0 \in V_0$, 存在 $y_0 \in G(x_0)$, 使 $\varphi(x_0,y_0) \in \mathrm{int}R_+^k$, 存在 R^k 中 $\mathbf{0}$ 的开邻域 V, 使 $\varphi(x_0,y_0)+V \subset \mathrm{int}R_+^k$. 因 $\varphi: X\times X \to R^k$ 是 R_+^k 下半连续的, 存在 x_0 在 X 中的开邻域 $U(x_0)$ 和 y 在 X 中的开邻域 $U(y_0)$, 使 $\forall x \in U(x_0)$, $\forall y \in U(y_0)$, 有

$$\varphi(x,y) \in \varphi(x_0,y_0) + V + R_+^k \subset \mathrm{int}R_+^k + R_+^k = \mathrm{int}R_+^k.$$

因集值映射 G 在 x_0 是连续的, $y_0 \in G(x_0)$, $G(x_0) \cap U(y_0) \neq \varnothing$, 存在 x_0 在 X 中的开邻域 $U_1(x_0)$, 不妨设 $U_1(x_0) \subset U(x_0)$, 使 $\forall x \in U_1(x_0)$, 有 $G(x) \cap U(y_0) \neq \varnothing$, 此时 $\forall x \in U_1(x_0)$, 存在 $y \in G(x)$, 且 $y \in G(y_0)$, 故 $\varphi(x,y) \in \mathrm{int}R_+^k$, 这表明 $U_1(x_0) \subset V_0$, x_0 是 V_0 的内点, V_0 必是开集.

因 $X = V_0 \cup \left(\bigcup\limits_{p\in R^n} U(p)\right)$, 而 X 是有界闭集, 由有限开覆盖定理, 存在 $p_1, \cdots, p_m \in R^n$, 使 $X = V_0 \cup \left(\bigcup\limits_{i=1}^{m} U(p_i)\right)$. 设 $\{\beta_0, \beta_1, \cdots, \beta_m\}$ 是从属于此有限开覆盖 $\{V_0, U(p_1), \cdots, U(p_m)\}$ 的连续单位分划.

$\forall x \in X, \forall y \in X$, 定义 $\psi : X \times X \to R^k$ 如下:

$$\psi(x,y) = \beta_0(x)\varphi(x,y) + \left[\sum_{i=1}^{m} \beta_i(x)\langle p_i, x-y\rangle\right] z,$$

其中 $z \in \mathrm{int}R_+^k$. 容易验证:

$\forall y \in X, x \to \psi(x,y)$ 在 X 上是 R_+^k 下半连续的;

$\forall x \in X, y \to \psi(x,y)$ 在 X 上是 R_+^k 凹的;

$\forall x \in X, \psi(x,x) \notin \mathrm{int}R_+^k$.

由定理 8.2.1, 存在 $x^* \in X$, 使 $\forall y \in X$, 有

$$\psi(x^*,y) = \beta_0(x^*)\varphi(x^*,y) + \left[\sum_{i=1}^{m} \beta_i(x^*)\langle p_i, x^*-y\rangle\right] z \notin \mathrm{int}R_+^k.$$

分两种情况讨论:

(1) 如果 $\beta_0(x^*) > 0$, 则 $x^* \in V_0$, 选取 $y_1^* \in G(x^*) \subset X$, 使 $\varphi(x^*, y_1^*) \in \mathrm{int}R_+^k$, 则 $\beta_0(x^*)\varphi(x^*, y_1^*) \in \mathrm{int}R_+^k$. 记 $I(x^*) = \{i : i \neq 0, \beta_i(x^*) > 0\}$.

如果 $I(x^*) = \varnothing$, 则 $\beta_0(x^*) = 1$, $\psi(x^*, y_1^*) = \varphi(x^*, y_1^*) \in \mathrm{int}R_+^k$;

如果 $I(x^*) \neq \varnothing$, 则 $\forall i \in I(x^*)$, 有 $x^* \in U(p_i)$. 因 $y_1^* \in G(x^*)$, 有

$$\langle p_i, x^* - y_1^*\rangle = \langle p_i, x^*\rangle - \langle p_i, y_1^*\rangle \geqslant \langle p_i, x^*\rangle - \max_{y\in G(x^*)} \langle p_i, y_1^*\rangle > 0,$$

$$\sum_{i\in I(x^*)} \beta_i(x^*)\langle p_i, x^* - y_1^*\rangle > 0,$$

因 $z\in \mathrm{int}R_+^k$, 有

$$\left[\sum_{i\in I(x^*)}\beta_i(x^*)\langle p_i, x^*-y_1^*\rangle\right]z\in \mathrm{int}R_+^k,$$

$$\psi(x^*,y_1^*)=\beta_0(x^*)\varphi(x^*,y_1^*)+\left[\sum_{i\in I(x^*)}\beta_i(x^*)\langle p_i, x^*-y_1^*\rangle\right]z\in \mathrm{int}R_+^k+\mathrm{int}R_+^k=\mathrm{int}R_+^k.$$

(2) 如果 $\beta_0(x^*)=0$, 则因 $\sum_{i=1}^n\beta_i(x^*)=\sum_{i=0}^n\beta_i(x^*)=1$, $I(x^*)\neq\varnothing$, 任选 $y_2^*\in G(x^*)\subset X$, 则

$$\psi(x^*,y_2^*)=\left[\sum_{i\in I(x^*)}\beta_i(x^*)\langle p_i, x^*-y_2^*\rangle\right]z\in \mathrm{int}R_+^k.$$

无论何种情况, 总得到矛盾, 从而向量值拟变分不等式的解必存在.

注 8.3.1 如果 $k=1$, 即得到以下拟变分不等式解的存在性定理.

设 X 是 R^n 中的非空有界闭凸集, 集值映射 $G:X\to P_0(X)$ 连续, 且 $\forall x\in X$, $G(x)$ 是 X 中的非空闭凸集, $\varphi:X\times X\to R$ 下半连续, 且满足

(1) $\forall y\in X$, $x\to\varphi(x,y)$ 在 X 上是凹的;

(2) $\forall x\in X$, $\varphi(x,x)\leqslant 0$.

则拟变分不等式的解存在, 即存在 $x^*\in X$, 使 $x^*\in G(x^*)$, 且 $\forall y\in G(x^*)$, 有 $\varphi(x^*,y)\leqslant 0$.

系 8.3.1 设 X 是 R^n 中的非空有界闭凸集, 集值映射 $G:X\to P_0(X)$ 连续, 且 $\forall x\in X$, $G(x)$ 是 X 中的非空闭凸集, 向量值函数 $\psi:X\times X\to R^k$ 是 R_+^k 上半连续的, 且满足

(1) $\forall y\in X$, $x\to\psi(x,y)$ 在 X 上是 R_+^k 凸的;

(2) $\forall x\in X$, $\psi(x,x)\notin -\mathrm{int}R_+^k$.

则存在 $x^*\in X$, 使 $x^*\in G(x^*)$, 且 $\forall y\in G(x^*)$, 有 $\psi(x^*,y)\notin -\mathrm{int}R_+^k$.

注 8.3.2 系 8.3.1 称为广义向量平衡问题解的存在性定理. 当 $k=1$ 时, 也得到广义平衡问题解的存在性定理.

8.4 多目标博弈弱 Pareto-Nash 平衡点的存在性

设 $N=\{1,\cdots,n\}$ 是局中人的集合, $\forall i\in N$, 设 X_i 是局中人 i 的策略集, $X=\prod_{i=1}^{n}X_i$, $F^i=\{f_1^i,\cdots,f_{k_i}^i\}:X\to R^{k_i}$ 是局中人 i 的向量值支付函数. 如果存在 $x^*=(x_1^*,\cdots,x_n^*)\in X$, 使 $\forall i\in N$, $\forall y_i\in X_i$, 有

$$F^i\left(y_i,x_{\hat{i}}^*\right)-F^i\left(x_i^*,x_{\hat{i}}^*\right)\notin R_+^{k_i}\backslash\{0\},$$

则称 x^* 是此多目标博弈的 Pareto-Nash 平衡点.

多目标博弈的 Pareto-Nash 平衡点的意义很清楚: $\forall i\in N$, 当除局中人 i 之外的其他 $n-1$ 个局中人选取策略 $x_{\hat{i}}^*\in X_{\hat{i}}$ 时, $\forall y_i\in X_i$, $f_j^i\left(y_i,x_{\hat{i}}^*\right)\geqslant f_j^i\left(x_i^*,x_{\hat{i}}^*\right)$, $j=1,\cdots,k_i$, 且至少存在某个 j, 使 $f_j^i\left(y_i,x_{\hat{i}}^*\right)>f_j^i\left(x_i^*,x_{\hat{i}}^*\right)$ 都成立是不可能的.

如果存在 $x^*=(x_1^*,\cdots,x_n^*)\in X$, 使 $\forall i\in N$, $\forall y_i\in X_i$, 有

$$F^i\left(y_i,x_{\hat{i}}^*\right)-F^i\left(x_i^*,x_{\hat{i}}^*\right)\notin \mathrm{int}R_+^{k_i},$$

则称 x^* 是此多目标博弈的弱 Pareto-Nash 平衡点.

多目标博弈的弱 Pareto-Nash 平衡点的意义很清楚: $\forall i\in N$, 当除局中人 i 之外的其他 $n-1$ 个局中人选取策略 $x_{\hat{i}}^*\in X_{\hat{i}}$ 时, $\forall y_i\in X_i$, $f_j^i\left(y_i,x_{\hat{i}}^*\right)>f_j^i\left(x_i^*,x_{\hat{i}}^*\right)$, $j=1,\cdots,k_i$ 都成立是不可能的.

显然, Pareto-Nash 平衡点必是弱 Pareto-Nash 平衡点, 但反之不然.

定理 8.4.1 $\forall i\in N$, 设 X_i 是 R^{m_i} 中的非空有界闭凸集, $X=\prod_{i=1}^{n}X_i$, $F^i=\{f_1^i,\cdots,f_k^i\}:X\to R^k$ 满足

(1) $\forall j=1,\cdots,k$, f_j^i 在 X 上是连续的;

(2) $\forall j=1,\cdots,k$, $\forall x_{\hat{i}}\in X_{\hat{i}}$, $y_i\to f_j^i\left(y_i,x_{\hat{i}}\right)$ 在 X_i 上是凹的.

则多目标博弈的弱 Pareto-Nash 平衡点必存在.

证明 $\forall x=(x_1,\cdots,x_n)\in X$, $\forall y=(y_1,\cdots,y_n)\in X$, 定义

$$\varphi(x,y)=\sum_{i=1}^{n}\left[F^i\left(y_i,x_{\hat{i}}\right)-F^i\left(x_i,x_{\hat{i}}\right)\right].$$

$\forall y=(y_1,\cdots,y_n)\in X, \forall j=1,\cdots,k$, 因 $x\to\sum_{i=1}^{n}\left[f_j^i(y_i,x_{\hat{i}})-f_j^i(x_i,x_{\hat{i}})\right]$ 在 X 上是连续的, 由引理 8.1.9, $x\to\varphi(x,y)$ 在 X 上是 R_+^k 下半连续的.

$\forall x=(x_1,\cdots,x_n)\in X, \forall j=1,\cdots,k$, 因 $y\to\sum_{i=1}^{n}\left[f_j^i(y_i,x_{\hat{i}})-f_j^i(x_i,x_{\hat{i}})\right]$ 在 X 上是凹的, 由引理 8.1.10, $y\to\varphi(x,y)$ 在 X 上是 R_+^k 凹的.

$\forall x\in X, \varphi(x,x)=0\notin \mathrm{int}R_+^k$.

由定理 8.2.1, 存在 $x^*=(x_1^*,\cdots,x_n^*)\in X$, 使 $\forall y=(y_1,\cdots,y_n)\in X$, 有

$$\varphi(x^*,y)=\sum_{i=1}^{n}\left[F^i\left(y_i,x_{\hat{i}}^*\right)-F^i\left(x_i^*,x_{\hat{i}}^*\right)\right]\notin \mathrm{int}R_+^k.$$

$\forall i\in N, \forall y_i\in X_i$, 令 $\bar{y}=\left(y_i,x_{\hat{i}}^*\right)$, 则 $\bar{y}\in X$,

$$\varphi(x^*,\bar{y})=F^i\left(y_i,x_{\hat{i}}^*\right)-F^i\left(x_i^*,x_{\hat{i}}^*\right)\notin \mathrm{int}R_+^k,$$

x^* 就是此多目标博弈的弱 Pareto-Nash 平衡点.

以下假定 $k_1\leqslant k_2\leqslant\cdots\leqslant k_n$, 见文献 [55].

定理 8.4.2 $\forall i\in N$, 设 X_i 是 R^{m_i} 中的非空有界闭凸集, $F^i=(f_1^i,\cdots,f_{k_i}^i)$: $X\to R^{k_i}$ 满足

(1)$\forall j=1,\cdots,k_i$, f_j^i 在 X 上是连续的;

(2)$\forall j=1,\cdots,k_i$, $\forall x_{\hat{i}}\in X_{\hat{i}}$, $y_i\to f_j^i(y_i,x_{\hat{i}})$ 在 X_i 上是凹的.

则多目标博弈的弱 Pareto-Nash 平衡点必存在.

证明 $\forall x=(x_1,\cdots,x_n)\in X$, $\forall y=(y_1,\cdots,y_n)\in X$, 定义向量值函数 φ: $X\times X\to R^{k_n}$ 如下:

$$\varphi(x,y)=\sum_{i=1}^{n}\varphi_i(x,y),$$

其中

$$\varphi_i(x,y)=\left(\underbrace{F^i(y_i,x_{\hat{i}})-F^i(x_i,x_{\hat{i}})}_{k_i\ \text{个分量}},\underbrace{f_1^i(y_i,x_{\hat{i}})-f_1^i(x_i,x_{\hat{i}}),\cdots,f_1^i(y_i,x_{\hat{i}})-f_1^i(x_i,x_{\hat{i}})}_{k_n-k_i\ \text{个分量}}\right).$$

则容易验证

(1)$\forall y \in X$, $x \to \varphi(x,y)$ 在 X 上是 $R_+^{k_n}$ 下半连续的;

(2)$\forall x \in X$, $y \to \varphi(x,y)$ 在 X 上是 $R_+^{k_n}$ 凹的;

(3)$\forall x \in X$, $\varphi(x,x) = 0 \notin \mathrm{int}R_+^{k_n}$.

由定理 8.2.1, 存在 $x^* = (x_1^*, \cdots, x_n^*) \in X$, 使 $\forall y = (y_1, \cdots, y_n) \in X$, 有 $\varphi(x^*, y) \notin \mathrm{int}R_+^{k_n}$.

$\forall i \in N, \forall y_i \in X_i$, 令 $y = \left(y_i, x_{\hat{i}}^*\right)$, 则 $y \in X, \varphi_i(x^*, y) = \varphi(x^*, y) \notin \mathrm{int}R_+^{k_n}$.

如果 $F^i\left(y_i, x_{\hat{i}}^*\right) - F^i\left(x_i^*, x_{\hat{i}}^*\right) \in \mathrm{int}R_+^{k_i}$, 则 $f_j^i\left(y_i, x_{\hat{i}}^*\right) - f_j^i\left(x_i^*, x_{\hat{i}}^*\right) > 0$, $j = 1, \cdots, k_i$, 从而 $\varphi_i(x^*, y) \in \mathrm{int}R_+^{k_n}$, 矛盾.

8.5 策略集无界情况下多目标博弈弱 Pareto-Nash 平衡点的存在性

在 8.4 节中的弱 Pareto-Nash 平衡点的存在性定理中, 总假定 $\forall i \in N$, X_i 是 R^{m_i} 中的非空有界闭凸集, 以下将给出 X_i 无界情况下弱 Pareto-Nash 平衡点的存在性定理. 为此首先给出一个 X 无界情况下向量值 Ky Fan 不等式的一个定理, 见文献 [56].

定理 8.5.1　设 X 是 R^p 中的一个非空无界闭凸集, $\varphi: X \times X \to R^k$ 满足

(1) $\forall y \in X$, $x \to \varphi(x,y)$ 在 X 上是 R_+^k 下半连续的;

(2) $\forall x \in X$, $y \to \varphi(x,y)$ 在 X 上是 R_+^k 拟凹的;

(3) $\forall x \in X$, $\varphi(x,x) \notin \mathrm{int}R_+^k$;

(4) 对任意 X 中的序列 $\{x^m\}$, 其中 $\|x^m\| \to \infty$, 必存在正整数 m_0 及 $y \in X$, 使 $\|y\| \leqslant \|x^{m_0}\|$, 而 $\varphi(x^{m_0}, y) \in \mathrm{int}R_+^k$.

则存在 $x^* \in X$, 使 $\forall y \in X$, 有 $\varphi(x^*, y) \notin \mathrm{int}R_+^k$.

证明　$\forall m = 1, 2, 3, \cdots$, 令 $C_m = \{x \in X : \|x\| \leqslant m\}$. 不妨设 $C_m \neq \varnothing$. 因 X 是闭凸集, 故 C_m 必是 X 中的有界闭凸集. 由定理 8.2.1, 存在 $x^m \in X$, 使 $\forall y \in C_m$, 有 $\varphi(x^m, y) \notin \mathrm{int}R_+^k$.

如果序列 $\{x^m\}$ 无界, 不妨设 $\|x^m\| \to \infty$ (否则取子序列), 由 (4), 存在正整数 m_0 及 $y \in X$, 使 $\|y\| \leqslant \|x^{m_0}\|$, 而 $\varphi(x^{m_0}, y) \in \mathrm{int}R_+^k$, 这与 $\|y\| \leqslant \|x^{m_0}\| \leqslant m_0$,

$y \in C_{m_0}, \varphi(x^{m_0}, y) \notin \mathrm{int}R_+^k$ 矛盾, 故 $\{x^m\}$ 必有界, 存在正整数 M, 使 $\|x^m\| \leqslant M$. 因 C_M 是有界的, 不妨设 $x^m \to x^* \in C_M \subset X$.

$\forall y \in X$, 存在正整数 K, 使 $y \in C_K$, 当 $m \geqslant K$ 时, $C_K \subset C_M, y \in C_M$, 有 $\varphi(x^m, y) \notin \mathrm{int}R_+^k$. 因 $\forall y \in X, x \to \varphi(x, y)$ 在 X 上是 R_+^k 下半连续的, 而 $x^m \to x^*$, 由引理 8.1.4 和注 8.1.1, 必有 $\varphi(x^*, y) \notin \mathrm{int}R_+^k$.

定理 8.5.2 $\forall i \in N$, 设 X_i 是 R^{p_i} 中的非空闭凸集, $X = \prod_{i=1}^n X_i$, $F^i = \{f_1^i, \cdots, f_k^i\} : X \to R^k$ 满足

(1) $\forall j = 1, \cdots, k$, f_j^i 在 X 上是连续的;

(2) $\forall j = 1, \cdots, k$, $\forall x_{\hat{i}} \in X_{\hat{i}}$, $y_i \to f_j^i(y_i, x_{\hat{i}})$ 在 X_i 上是凹的,

(3) 对任意 X 中的序列 $\{x^m = (x_1^m, \cdots, x_n^m)\}$, 其中 $\|x^m\| = \sum_{i=1}^n \|x_i^m\|_i \to \infty$(这里 $\|x_i^m\|_i$ 表示 x_i^m 在 R^{p_i} 中的范数), 必存在某 $i \in N$, 正整数 m_0 及 $y_i \in X_i$, 使 $\|y_i\|_i \leqslant \|x_i^{m_0}\|_i$, 而 $F^i\left(y_i, x_{\hat{i}}^{m_0}\right) - F^i\left(x_i^{m_0}, x_{\hat{i}}^{m_0}\right) \in \mathrm{int}R_+^k$.

则多目标博弈的弱 Pareto-Nash 平衡点必存在.

证明 $\forall x = (x_1, \cdots, x_n) \in X$, $\forall y = (y_1, \cdots, y_n) \in X$, 定义向量值函数 $\varphi : X \times X \to R^k$ 如下:

$$\varphi(x, y) = \sum_{i=1}^n \left[F^i(y_i, x_{\hat{i}}) - F^i(x_i, x_{\hat{i}})\right].$$

同定理 8.4.1 的证明, $\forall y \in X$, $x \to \varphi(x, y)$ 在 X 上是 R_+^k 下半连续的; $\forall x \in X$, $y \to \varphi(x, y)$ 在 X 上是 R_+^k 凹的; $\forall x \in X$, $\varphi(x, x) = 0 \notin \mathrm{int}R_+^k$.

由 (3) 对任意 X 中的序列 $\{x^m = (x_1^m, \cdots, x_n^m)\}$, 其中 $\|x^m\| = \sum_{i=1}^n \|x_i^m\|_i \to \infty$, 必存在某 $i \in N$, 正整数 m_0 及 $y_i \in X_i$, 使 $\|y_i\|_i \leqslant \|x_i^{m_0}\|_i$, 而 $F^i\left(y_i, x_{\hat{i}}^{m_0}\right) - F^i\left(x_i^{m_0}, x_{\hat{i}}^{m_0}\right) \in \mathrm{int}R_+^k$. 令 $y = \left(y_i, x_{\hat{i}}^{m_0}\right)$, 则 $y \in X$, $\|y\| \leqslant \|x^{m_0}\|$, 而

$$\varphi(x^{m_0}, y) = F^i\left(y_i, x_{\hat{i}}^{m_0}\right) - F^i\left(x_i^{m_0}, x_{\hat{i}}^{m_0}\right) \in \mathrm{int}R_+^k.$$

这样, 由定理 8.5.1, 存在 $x^* \in X$, 使 $\forall y \in X$, 有 $\varphi(x^*, y) \notin \mathrm{int}R_+^k$. 同定理 8.4.1 中的证明, x^* 就是此多目标博弈的弱 Pareto-Nash 平衡点.

8.6 广义多目标博弈弱 Pareto-Nash 平衡点的存在性

$N=\{1,\cdots,n\}$ 是局中人的集合, $\forall i\in N$, 设 X_i 是局中人 i 的策略集, $X=\prod_{i=1}^{n}X_i, F^i=\{f_1^i,\cdots,f_k^i\}:X\to R^k$ 是局中人 i 的向量值支付函数. $G_i:X_{\hat{i}}\to P_0(X_i)$ 是局中人 i 的可行策略映射. 如果存在 $x^*=(x_1^*,\cdots,x_n^*)\in X$, 使 $\forall i\in N$, 有 $x_i^*\in G_i\left(x_{\hat{i}}^*\right)$, 且 $\forall y_i\in G_i\left(x_{\hat{i}}^*\right)$, 有

$$F^i\left(y_i,x_{\hat{i}}^*\right)-F^i\left(x_i^*,x_{\hat{i}}^*\right)\notin \mathrm{int}R_+^k,$$

则称 x^* 是此广义多目标博弈的弱 Pareto-Nash 平衡点.

广义多目标博弈的弱 Pareto-Nash 平衡点 x^* 的意义很清楚: $\forall i\in N$, $x_i^*\in G_i\left(x_{\hat{i}}^*\right)$ 表明当除局中人 i 之外的其他 $n-1$ 个局中人选取策略 $x_{\hat{i}}^*\in X_{\hat{i}}$ 时, x_i^* 是局中人 i 的可行策略, 而 $\forall y_i\in G_i\left(x_{\hat{i}}^*\right)$, $f_j^i\left(y_i,x_{\hat{i}}^*\right)>f_j^i\left(x_i^*,x_{\hat{i}}^*\right)$ 都成立是不可能的, $j=1,\cdots,k$.

定理 8.6.1 $\forall i\in N$, 设 X_i 是 R^{k_i} 中的非空有界闭凸集, 集值映射 $G_i:X_{\hat{i}}\to P_0(X_i)$ 连续, 且 $\forall x_{\hat{i}}\in X_{\hat{i}}$, $G_i(x_{\hat{i}})$ 是 X_i 中的非空闭凸集, $F^i=\{f_1^i,\cdots,f_k^i\}:X\to R^k$ 满足

(1)$\forall j=1,\cdots,k$, f_j^i 在 X 上是连续的;

(2)$\forall j=1,\cdots,k$, $\forall x_{\hat{i}}\in X_{\hat{i}}$, $y\to f_j^i(y_i,x_{\hat{i}})$ 在 X_i 上是凹的.

则广义多目标博弈的弱 Pareto-Nash 平衡点必存在.

证明 定义集值映射 $G:X\to P_0(X)$ 如下: $\forall x=(x_1,\cdots,x_n)\in X$,

$$G(x)=\prod_{i=1}^{n}G_i(x_{\hat{i}}),$$

则集值映射 G 是连续的, 且 $\forall x\in X$, $G(x)$ 是 X 中的非空闭凸集.

定义向量值函数 $\varphi:X\times X\to R^k$ 如下: $\forall x=(x_1,\cdots,x_n)\in X,\forall y=(y_1,\cdots,y_n)\in X$,

$$\varphi(x,y)=\sum_{i=1}^{n}\left[F^i(y_i,x_{\hat{i}})-F^i(x_i,x_{\hat{i}})\right],$$

同定理 8.4.1 中的证明, 容易验证

$\forall y \in X, x \to \varphi(x,y)$ 在 X 上是 R_+^k 下半连续的;

$\forall x \in X, y \to \varphi(x,y)$ 在 X 上是 R_+^k 凹的;

$\forall x \in X, \varphi(x,x) = 0 \notin \mathrm{int}R_+^k$.

由定理 8.3.1 , 存在 $x^* = (x_1^*, \cdots, x_n^*) \in X$, 使 $\forall y \in G(x^*)$, 有 $\varphi(x^*, y) \notin \mathrm{int}R_+^k$.

由 $x^* \in G(x^*)$, 则 $\forall i \in N$, 有 $x_i^* \in G_i\left(x_{\hat{i}}^*\right)$.

$\forall i \in N, \forall y_i \in G_i\left(x_{\hat{i}}^*\right)$, 令 $\bar{y} = \left(y_i, x_{\hat{i}}^*\right)$, 则 $\bar{y} \in G(x^*)$,

$$\varphi(x^*, \bar{y}) = F^i\left(y_i, x_{\hat{i}}^*\right) - F^i\left(x_i^*, x_{\hat{i}}^*\right) \notin \mathrm{int}R_+^k.$$

x^* 就是此广义多目标博弈的弱 Pareto-Nash 平衡点.

8.7 多目标博弈的权 Pareto-Nash 平衡点

这一节主要参考了文献 [58, 59].

设 $N = \{1, \cdots, n\}$ 是局中人集合, $\forall i \in N$, 设 X_i 是第 i 个局中人的策略集, $X = \prod_{i=1}^{n} X_i$, $F^i : X \to R^k$ 是第 i 个局中人的向量值支付函数.

令 $W = (w^1, \cdots, w^n)$, 其中 $\forall i \in N$, $w^i \in R_+^k$ 是局中人 i 向量值支付函数的加权向量, 而 $\langle w^i, F^i(x) \rangle$ 就是加权后第 i 个局中人的支付函数.

如果 $\forall i \in N$, $w^i \in R_+^k \setminus \{0\}$, 且存在 $x^* = (x_1^*, \cdots, x_n^*) \in X$, 使 $\forall i \in N$, 有

$$\langle w^i, F^i\left(x_i^*, x_{\hat{i}}^*\right) \rangle = \max_{u_i \in X_i} \langle w^i, F^i\left(u_i, x_{\hat{i}}^*\right) \rangle,$$

则称 x^* 是此多目标博弈权 w 的 Pareto-Nash 平衡点.

如果 $\forall i \in N$, $w^i \in \mathrm{int}R_+^k$, 且存在 $x^* = (x_1^*, \cdots, x_n^*) \in X$, 使 $\forall i \in N$, 有

$$\langle w^i, F^i\left(x_i^*, x_{\hat{i}}^*\right) \rangle = \max_{u_i \in X_i} \langle w^i, F^i\left(u_i, x_{\hat{i}}^*\right) \rangle,$$

则称 x^* 是此多目标博弈权 w 的弱 Pareto-Nash 平衡点.

定理 8.7.1 (1) 如果 $x^* \in X$ 是多目标博弈权 w 的 Pareto-Nash 平衡点, 则它必是多目标博弈的弱 Pareto-Nash 平衡点.

(2) 如果 $x^* \in X$ 是多目标博弈权 w 的弱 Pareto-Nash 平衡点, 则它必是多目标博弈的 Pareto-Nash 平衡点.

证明　(1) 用反证法. 设 x^* 不是多目标博弈的弱 Pareto-Nash 平衡点, 则存在某 $i \in N$, 存在 $y_i \in X_i$, 使

$$F^i\left(y_i, x_{\hat{i}}^*\right) - F^i\left(x_i^*, x_{\hat{i}}^*\right) \in \text{int}R_+^k.$$

因 $w^i \in R_+^k \backslash \{0\}$, 则必有

$$\left\langle w^i, F^i\left(y_i, x_{\hat{i}}^*\right) - F^i\left(x_i^*, x_{\hat{i}}^*\right)\right\rangle > 0,$$

这与 $\left\langle w^i, F^i\left(x_i^*, x_{\hat{i}}^*\right)\right\rangle = \max\limits_{u_i \in X_i} \left\langle w^i, F^i\left(u_i, x_{\hat{i}}^*\right)\right\rangle$ 矛盾.

(2) 用反证法. 设 x^* 不是多目标博弈的 Pareto-Nash 平衡点, 则存在某 $i \in N$, 存在 $y_i \in X_i$, 使

$$F^i\left(y_i, x_{\hat{i}}^*\right) - F^i\left(x_i^*, x_{\hat{i}}^*\right) \in R_+^k \backslash \{0\}.$$

因 $w^i \in \text{int}R_+^k$, 则必有

$$\left\langle w^i, F^i\left(y_i, x_{\hat{i}}^*\right) - F^i\left(x_i^*, x_{\hat{i}}^*\right)\right\rangle > 0,$$

这与 $\left\langle w^i, F^i\left(x_i^*, x_{\hat{i}}^*\right)\right\rangle = \max\limits_{u_i \in X_i} \left\langle w^i, F^i\left(u_i, x_{\hat{i}}^*\right)\right\rangle$ 矛盾.

注 8.7.1　$\forall i \in N$, $w^i \in R_+^k \backslash \{0\}$(或 $w^i \in \text{int}R_+^k$), 如果 X_i 和 $\langle w^i, F^i(x)\rangle$ 满足 4.1 中 Nash 平衡点存在的条件, 即其 Nash 平衡点存在, 则由定理 8.7.1, 此平衡点就必是多目标博弈的弱 Pareto-Nash 平衡点 (或 Pareto-Nash 平衡点).

第 9 讲　完美平衡点与本质平衡点

本讲将介绍完美平衡点与本质平衡点, 完美平衡点是 1994 年 Nobel 经济奖获得者 Selten 在 1975 年提出的, 是他的主要工作, 而本质平衡点是我国著名数学家吴文俊先生和江嘉禾先生在 1962 年提出的, 其结果是非常深刻的.

9.1　完美平衡点

目前博弈论的难题是一个博弈可能有多个平衡点而如何选取的问题. 正如国际著名的博弈论学者 Binmore 所指出的, "平衡选取问题可能是现代博弈论所面临的最大挑战"[60].

对于矩阵博弈, 或者更加广泛的两人零和博弈, 这个难题不存在, 定理 2.2.1 已证明了以下结论: 设 X 和 Y 分别是局中人 1 和局中人 2 的策略集, $f: X\times Y\to R$ 是局中人 1 的支付函数 ($-f$ 是局中人 2 的支付函数), 设 $S(f)$ 表示 f 在 $X\times Y$ 中的平衡点集 (即鞍点集) 的全体.

(1) 如果 $(x_1,y_1)\in S(f)$, $(x_2,y_2)\in S(f)$, 则 $f(x_2,y_1)=f(x_1,y_1)=f(x_1,y_2)=f(x_2,y_2)$;

(2) 进一步, 还有 $(x_1,y_2)\in S(f)$, $(x_2,y_1)\in S(f)$.

由以上结论, 对于矩阵博弈, 或者更加广泛的两人零和博弈, 局中人 1 选取策略 x_1 或 x_2, 局中人 2 选取策略 y_1 或 y_2, 得到的结果都是一致的: (x_1,y_1), (x_1,y_2), (x_2,y_1) 和 (x_2,y_2) 都是平衡点 (即鞍点), 且 $f(x_1,y_1)=f(x_1,y_2)=f(x_2,y_1)=f(x_2,y_2)$.

对于双矩阵博弈, 或者更加广泛的 n 人非合作有限博弈和 n 人非合作博弈, 以上结论不成立, 因此一个博弈可能有多个平衡点而如何选取的问题, 就成为现代博弈论所面临的最大挑战.

此外, 无论是 von Neumann 的矩阵博弈, 还是 Nash 的 n 人非合作有限博弈(包括双矩阵博弈), 都假设局中人是完全理性的, 都能够在一定的约束条件下作出使自己利益最大化的选择, 而这显然是过于理想的.

1975 年, Selten 给出了以下完美平衡点 (perfect equilibrium) 的概念, 见文献 [6].

以双矩阵博弈为例. 设局中人 1 和局中人 2 都不是完全理性的, 而是有限理性的, 是可能犯错误的, 在他们作出决策时可能会发生某种 “颤抖”. 设 $\varepsilon>0$ 足够小 (满足 $m\varepsilon<1$, $n\varepsilon<1$), 而

$X(\varepsilon)=\left\{x=(x_1,\cdots,x_m):x_i\geqslant\varepsilon,i=1,\cdots,m,\sum_{i=1}^{m}x_i=1\right\}$ 是依赖于 ε 的扰动博弈中局中人 1 的策略集, 因 $m\varepsilon<1$, 故 $X(\varepsilon)\neq\varnothing$.

$Y(\varepsilon)=\left\{y=(y_1,\cdots,y_n):y_j\geqslant\varepsilon,j=1,\cdots,n,\sum_{j=1}^{n}y_j=1\right\}$ 是依赖于 ε 的扰动博弈中局中人 2 的策略集, 因 $n\varepsilon<1$, 故 $Y(\varepsilon)\neq\varnothing$.

如果扰动博弈存在 Nash 平衡点 $(x(\varepsilon),y(\varepsilon))\in X(\varepsilon)\times Y(\varepsilon)$, 且存在 $\varepsilon_k\to 0$, 使 $x(\varepsilon_k)\to x^*\in X$, $y(\varepsilon_k)\to y^*\in Y$, 即 (x^*,y^*) 是当局中人 1 和局中人 2 犯错误的概率逐渐减小, “颤抖” 逐渐消失时扰动博弈平衡点的极限点, 则 (x^*,y^*) 必是原博弈的一个 Nash 平衡点, 称为完美平衡点.

定理 9.1.1 双矩阵博弈必存在完美平衡点.

证明 首先, 易知 $X(\varepsilon)$ 和 $Y(\varepsilon)$ 分别是 R^m 和 R^n 中的非空有界闭凸集, 局中人 1 的支付函数 $\sum_{i=1}^{m}\sum_{j=1}^{n}c_{ij}x_iy_j$ 和局中人 2 的支付函数 $\sum_{i=1}^{m}\sum_{j=1}^{n}d_{ij}x_iy_j$ 连续, 且满足

$$\forall y=(y_1,\cdots,y_n)\in Y(\varepsilon),x=(x_1,\cdots,x_m)\to\sum_{i=1}^{m}\sum_{j=1}^{n}c_{ij}x_iy_j\ \text{在}\ X(\varepsilon)\ \text{上是凹的};$$

$$\forall x=(x_1,\cdots,x_n)\in X(\varepsilon),y=(y_1,\cdots,y_n)\to\sum_{i=1}^{m}\sum_{j=1}^{n}d_{ij}x_iy_j\ \text{在}\ Y(\varepsilon)\ \text{上是凹的}.$$

由定理 4.1.2, 扰动博弈必存在 Nash 平衡点 $(x(\varepsilon),y(\varepsilon))\in X(\varepsilon)\times Y(\varepsilon)$, 即 $\forall(x,y)\in X(\varepsilon)\times Y(\varepsilon)$, 有

$$\sum_{i=1}^{m}\sum_{j=1}^{n}c_{ij}x_i(\varepsilon)y_j(\varepsilon)\geqslant\sum_{i=1}^{m}\sum_{j=1}^{n}c_{ij}x_iy_j(\varepsilon),$$

$$\sum_{i=1}^{m}\sum_{j=1}^{n} d_{ij}x_i(\varepsilon)\,y_j(\varepsilon) \geqslant \sum_{i=1}^{m}\sum_{j=1}^{n} d_{ij}x_i(\varepsilon)\,y_j.$$

$\forall \varepsilon > 0$, 因 $(x(\varepsilon), y(\varepsilon)) \in X \times Y$, 而 $X \times Y$ 是 R^{m+n} 中的有界闭集, 由聚点存在定理, 存在 $\varepsilon_k \to 0$, 使 $x(\varepsilon_k) \to x^* \in X, y(\varepsilon_k) \to y^* \in Y$.

$\forall (x, y) \in X \times Y$, 存在 $(x^k, y^k) \in X(\varepsilon_k) \times Y(\varepsilon_k), k = 1, 2, 3, \cdots$, 使 $x^k \to x, y^k \to y$. 记 $x^k = (x_1^k, \cdots, x_m^k), y^k = (y_1^k, \cdots, y_n^k)$, 因

$$\sum_{i=1}^{m}\sum_{j=1}^{n} c_{ij}x_i(\varepsilon_k)\,y_j(\varepsilon_k) \geqslant \sum_{i=1}^{m}\sum_{j=1}^{n} c_{ij}x_i^k y_j(\varepsilon_k),$$

$$\sum_{i=1}^{m}\sum_{j=1}^{n} d_{ij}x_i(\varepsilon_k)\,y_j(\varepsilon_k) \geqslant \sum_{i=1}^{m}\sum_{j=1}^{n} d_{ij}x_i(\varepsilon_k)\,y_j^k.$$

令 $k \to \infty$, 得

$$\sum_{i=1}^{m}\sum_{j=1}^{n} c_{ij}x_i^* y_j^* \geqslant \sum_{i=1}^{m}\sum_{j=1}^{n} c_{ij}x_i y_j^*,$$

$$\sum_{i=1}^{m}\sum_{j=1}^{n} d_{ij}x_i^* y_j^* \geqslant \sum_{i=1}^{m}\sum_{j=1}^{n} d_{ij}x_i^* y_j.$$

(x^*, y^*) 即为原博弈的 Nash 平衡点, 完美平衡点必存在.

注 9.1.1 以上定理 9.1.1 对 n 人非合作有限博弈也成立. Selten 的完美平衡点是一种经扰动而回复的平衡点, 当然具有某种稳定性. 用这种方法, Selten 就删除了一些不稳定的平衡点, 使太多的 Nash 平衡点得到了一种精炼.

注 9.1.2 关于有限理性与平衡稳定性的研究, 可见文献 [61~65].

9.2 本质平衡点

关于 Nash 平衡点的精炼问题, 吴文俊先生和江嘉禾先生早在 1962 年就给出了本质平衡点 (essential equilibrium) 的概念 [7], 比 Selten 的工作早 13 年.

仍以双矩阵博弈为例: 一个双矩阵博弈由两个 $m \times n$ 矩阵 $\{(c_{ij}), (d_{ij}) : i = 1, \cdots, m; j = 1, \cdots, n\}$ 完全确定, 也可以说, 它由 R^{2mn} 中的一个点所完全确定.

设 C 是所有双矩阵博弈 $\Gamma=\{(c_{ij}),(d_{ij})\}$ 的集合, 对任意 $\Gamma=\{(c_{ij}),(d_{ij})\}\in C$, $\Gamma'=\left\{\left(c'_{ij}\right),\left(d'_{ij}\right)\right\}\in C$, 定义距离

$$\rho(\Gamma,\Gamma')=\left(\sum_{i=1}^{m}\sum_{j=1}^{n}\left|c_{ij}-c'_{ij}\right|^2+\sum_{i=1}^{m}\sum_{j=1}^{n}\left|d_{ij}-d'_{ij}\right|^2\right)^{\frac{1}{2}},$$

它实际上反映了博弈 Γ 中局中人 1 和局中人 2 的两个支付函数与博弈 Γ' 中局中人 1 和局中人 2 的两个支付函数接近的程度.

注 9.2.1 实际上, 可以认为 $C=R^{2mn}$.

记 $\Gamma^k=\left\{\left(c_{ij}^k\right),\left(d_{ij}^k\right)\right\}\in C$, 注意到 $\Gamma^k\to\Gamma\,(k\to\infty)$ 当且仅当 $c_{ij}^k\to c_{ij}$, $d_{ij}^k\to d_{ij}, i=1,\cdots,m; j=1,\cdots,n$.

$\Gamma\in C$, 用 $N(\Gamma)$ 表示双矩阵博弈 Γ 所有 Nash 平衡点的集合, 由定理 3.1.1, $N(\Gamma)\neq\varnothing$, 由 $\Gamma\to N(\Gamma)$ 就给出了一个集值映射 $N:C\to P_0(X\times Y)$(或者是 $N:R^{2mn}\to P_0(X\times Y)$), 其中

$$X=\left\{x=(x_1,\cdots,x_m):x_i\geqslant 0,i=1,\cdots,m,\sum_{i=1}^{m}x_i=1\right\},$$

$$Y=\left\{y=(y_1,\cdots,y_n):y_j\geqslant 0,j=1,\cdots,n,\sum_{j=1}^{n}y_j=1\right\}.$$

$(x,y)\in N(\Gamma)$ 称为博弈 Γ 的本质平衡点, 如果对 (x,y) 在 $X\times Y$ 中的任何开邻域 U, 存在 Γ 在 C 中的开邻域 V, 使对任意 $\Gamma'\in V$, 存在 $(x',y')\in N(\Gamma')$, 而 $(x',y')\in U$. 如果对任意 $(x,y)\in N(\Gamma)$, (x,y) 都是博弈 Γ 的本质平衡点, 则称博弈 Γ 是本质的.

引理 9.2.1 集值映射 $N:C\to P_0(X\times Y)$ 在 C 上是上半连续的, 且对任意 $\Gamma\in C$, $N(\Gamma)$ 是有界闭集.

证明 因 $X\times Y$ 是 R^{m+n} 中的有界闭集, 由定理 1.3.1, 只需要证明集值映射 N 是闭的, 即要证明 $\forall\Gamma^k\to\Gamma$, $\forall\left(x^k,y^k\right)\in N\left(\Gamma^k\right)$, $\left(x^k,y^k\right)\to(x^*,y^*)$, 则 $(x^*,y^*)\in N(\Gamma)$.

因 $\left(x^k,y^k\right)\in N\left(\Gamma^k\right)$, 则 $\forall x=(x_1,\cdots,x_m)\in X$, $\forall y=(y_1,\cdots,y_n)\in Y$, 有

$$\sum_{i=1}^{m}\sum_{j=1}^{n}c_{ij}^k x_i^k y_j^k\geqslant\sum_{i=1}^{m}\sum_{j=1}^{n}c_{ij}^k x_i y_j^k,$$

$$\sum_{i=1}^{m}\sum_{j=1}^{n}d_{ij}^{k}x_i^{k}y_j^{k}\geqslant\sum_{i=1}^{m}\sum_{j=1}^{n}d_{ij}^{k}x_i^{k}y_j.$$

因 $\Gamma^k\to\Gamma$, 有 $c_{ij}^k\to c_{ij}$, $d_{ij}^k\to d_{ij}$, $i=1,\cdots,m$, $j=1,\cdots,n$. 因 $(x^k,y^k)\to(x^*,y^*)$, 有 $x_i^k\to x_i^*$, $y_j^k\to y_j^*$, $i=1,\cdots,m$, $j=1,\cdots,n$. 在以上两式中令 $k\to\infty$, 则 $\forall x=(x_1,\cdots,x_m)\in X$, $\forall y=(y_1,\cdots,y_n)\in Y$, 有

$$\sum_{i=1}^{m}\sum_{j=1}^{n}c_{ij}x_i^{*}y_j^{*}\geqslant\sum_{i=1}^{m}\sum_{j=1}^{n}c_{ij}x_iy_j^{*},$$

$$\sum_{i=1}^{m}\sum_{j=1}^{n}d_{ij}x_i^{*}y_j^{*}\geqslant\sum_{i=1}^{m}\sum_{j=1}^{n}d_{ij}x_i^{*}y_j.$$

即 $(x^*,y^*)\in N(\Gamma)$.

引理 9.2.2 博弈 $\Gamma\in C$ 是本质的当且仅当集值映射 $N:C\to P_0(X\times Y)$ 在 Γ 上是下半连续的.

证明 必要性. 对任何 $X\times Y$ 中的开集 G, $G\cap N(\Gamma)\neq\varnothing$, 取 $(x,y)\in G\cap N(\Gamma)$, 则 G 是 (x,y) 在 $X\times Y$ 中的开邻域. 因博弈 Γ 是本质的, 故 $(x,y)\in N(\Gamma)$ 必是本质平衡点, 存在 Γ 在 C 中的开邻域 V, 使对任意 $\Gamma'\in V$, 存在 $(x',y')\in N(\Gamma')$, 而 $(x',y')\in G$. 这样, 当 $\Gamma'\in V$ 时, 必有 $G\cap N(\Gamma')\neq\varnothing$, 集值映射 N 在 Γ 必是下半连续的.

充分性. $\Gamma\in C$, 对任意 $(x,y)\in N(\Gamma)$, 对 (x,y) 在 $X\times Y$ 中的任意开邻域 U, 则 $U\cap N(\Gamma)\neq\varnothing$. 因集值映射 N 在 Γ 是下半连续的, 存在 Γ 在 C 中的开邻域 V, 使对任意 $\Gamma'\in V$, 有 $U\cap N(\Gamma')\neq\varnothing$. 取 $(x',y')\in U\cap N(\Gamma')$, 则 $(x',y')\in N(\Gamma')$, 且 $(x',y')\in U$, (x,y) 必是博弈 Γ 的本质平衡点, 从而博弈 Γ 必是本质的.

定理 9.2.1 存在 C 中的一个稠密剩余集 Q, 使对任意 $\Gamma\in Q$, 博弈 Γ 都是本质的.

证明 由引理 9.2.1, 集值映射 $N:C\to P_0(X\times Y)$ 在 C 上是上半连续的, 且 $\forall\Gamma\in C$, $N(\Gamma)$ 是 R^{m+n} 中的有界闭集. 由 Fort 定理 (定理 1.3.4), 存在 C 中的一个稠密剩余集 Q, 使 $\forall\Gamma\in Q$, 集值映射 N 在 Γ 是下半连续的, 从而是连续的. 又由引理 9.2.2, $\forall\Gamma\in Q$, 博弈 Γ 必是本质的.

注 9.2.2 对任意 $\Gamma\in C$, 由引理 9.2.1, $N(\Gamma)$ 都是 R^{m+n} 中的有界闭集. 如

果 $\Gamma \in Q$, 则集值映射 N 在 Γ 是连续的, 由定理 1.3.3(3), 必有

$$\lim_{\Gamma' \to \Gamma} h\left(N\left(\Gamma'\right), N\left(\Gamma\right)\right) = 0,$$

其中 h 是 R^{m+n} 上的 Hausdorff 距离, 这说明博弈 Γ 的 Nash 平衡点集是稳定的.

对任意 $\Gamma \in C$, 如果 $\Gamma \notin Q$, 因为 Q 在 C 中是稠密的, 博弈 Γ 可以由一列博弈 Γ^k 对其进行任意逼近, 而每一博弈 Γ^k 都是本质的, 即其 Nash 平衡点集都是稳定的.

又因 Q 是 C 中的稠密剩余集, 由注 1.3.2, 性质 "双矩阵博弈 Γ 是本质的" 在 C 上是通有成立的, 因为 "通有" 被认为是在一定意义上的大多数, 所以在一定意义上, 大多数的双矩阵博弈 Γ 都是本质的, 其 Nash 平衡点集都是稳定的.

定理 9.2.2 $\Gamma \in C$, 如果 $N(\Gamma) = (x^*, y^*)$ 是单点集, 则博弈 Γ 必是本质的, 且 $\forall \Gamma^k \to \Gamma$, $\forall \left(x^k, y^k\right) \in N\left(\Gamma^k\right)$, 必有 $\left(x^k, y^k\right) \to (x^*, y^*)$.

证明 对任何 $X \times Y$ 中的开集 G, $G \cap N(\Gamma) \neq \varnothing$, 因 $N(\Gamma)$ 是单点集, 必有 $G \supset N(\Gamma)$. 由引理 9.2.1, 集值映射 $N: C \to P_0(X \times Y)$ 在 Γ 是上半连续的, 存在 Γ 在 C 中的开邻域 V, 使对任意 $\Gamma' \in V$, 有 $G \supset N(\Gamma')$, 故 $G \cap N(\Gamma') \neq \varnothing$, 这表明集值映射 N 在 Γ 是下半连续的. 由引理 9.2.2, 博弈 Γ 必是本质的.

以下用反证法. 如果 $\left(x^k, y^k\right) \to (x^*, y^*)$ 不成立, 则存在 (x^*, y^*) 在 $X \times Y$ 中的开邻域 U 和 $\left\{\left(x^k, y^k\right)\right\}$ 的一个子序列 $\{(x^{n_k}, y^{n_k})\}$, 使 $(x^{n_k}, y^{n_k}) \notin U$. 因序列 $\{(x^{n_k}, y^{n_k})\} \subset X \times Y$, 而 $X \times Y$ 是 R^{m+n} 中的有界闭集, 不妨设 $(x^{n_k}, y^{n_k}) \to (\bar{x}, \bar{y}) \in X \times Y$. 因 $\Gamma^{n_k} \to \Gamma$, $(x^{n_k}, y^{n_k}) \in N(\Gamma^{n_k})$, $(x^{n_k}, y^{n_k}) \to (\bar{x}, \bar{y})$, 由引理 9.2.1 和引理 1.3.2, 集值映射 N 必是闭的, 故 $(\bar{x}, \bar{y}) \in N(\Gamma)$. 又 $N(\Gamma) = (x^*, y^*)$ 是单点集, 必有 $(\bar{x}, \bar{y}) = (x^*, y^*)$. 这与 $(x^{n_k}, y^{n_k}) \to (x^*, y^*)$, U 是 (x^*, y^*) 的开邻域, 而 $(x^{n_k}, y^{n_k}) \notin U$ 矛盾.

注 9.2.3 以上定理 9.2.1 和定理 9.2.2 对 n 人非合作有限博弈也成立. 关于 n 人非合作博弈 Nash 平衡点集通有稳定性研究可见文献 [66~69]. 关于鞍点问题和单调平衡问题等解的通有唯一性的研究可见文献 [70~74].

注 9.2.4 在 Selten 1975 年的工作之后, 考虑到各种形式的颤抖和扰动, 又有恰当平衡点[75]、序列平衡点[76] 等平衡点的精炼概念. 1986 年, 为了更加全面地研究 Nash 平衡点的稳定性, Kohlberg 和 Mertens[77] 提出了这样的问题: 一个稳定的 Nash 平衡点应该满足哪些必要的条件? 这是公理化的方法, 他们希望用这种方法对平衡点进行精炼. 通过细致的论证, 他们得出结论: 一般还不能将它精炼成单点

集, 它只能是集值的, 是所谓平衡点集的本质连通区. 因为在 n 人非合作有限博弈中, 每个局中人的策略集均为单纯形, 支付函数也均为多项式, 其 Nash 平衡点集就必是等式和不等式的有限系统的解集, 称为半代数集 (semi-algebraic set). 他们首先应用代数几何的方法证明了: 任一 n 人非合作有限博弈, 其平衡点集的连通区必为有限个, 然后证明了至少有一个是本质的. 这一工作影响很大, 而他们的工作又被文献 [78] 改进和推广. 关于一般的 n 人非合作博弈和广义博弈等平衡点集的本质连通区的研究, 可见文献 [79~86].

第 10 讲　合作博弈简介

本讲对合作博弈作一个简明扼要的介绍，主要参考了文献 [4, 87, 88].

10.1　联盟与核心

在 n 人非合作博弈中，任意两个或两个以上的局中人之间是不允许事先商定把他们的策略组合起来的，也不允许对他们得到的支付总和进行重新分配．在 n 人合作博弈中，任意两个或两个以上的局中人之间可以事先商定把他们的策略组合起来，并且在博弈结束之后对他们得到的支付总和进行重新分配．因此，若干个局中人需要合作，这就是联盟．

设 $N=\{1,\cdots,n\}$ 是局中人的集合，$v(S)$ 定义在 N 的所有子集上，是 N 的所有子集上的实值函数，它表示联盟 S 通过协调其成员的策略所能保证得到的最大支付，并满足条件：

$$v(\varnothing)=0,$$

$$v(N)\geqslant\sum_{i=1}^{n}v(\{i\}).$$

称 $\Gamma=(N,v)$ 为 n 人合作博弈，$v(S)$ 为此博弈的特征函数．

如果对任意 $S,T\subset N$, $S\bigcap T=\varnothing$，有

$$v(S\bigcup T)\geqslant v(S)+v(T),$$

则称博弈 Γ 具有超可加性．

如果对任意 $S,T\subset N$, $S\bigcap T=\varnothing$，有

$$v(S\bigcup T)=v(S)+v(T),$$

则称此博弈 Γ 具有可加性．

如果 Γ 具有可加性, 则称其为非实质性博弈, 没有研究的必要, 否则称为实质性博弈.

合作博弈与非合作博弈的不同之处还在于合作博弈至今仍没有一个统一的解的概念 (往往每类具体问题有专门定义的解), 而其任何解的概念都不具有 Nash 平衡在非合作博弈中的地位.

关于合作博弈的解, 主要有核心和 Shapley 值这两种. 这一节介绍核心的概念.

n 人合作博弈中的每个局中人应该从总收入 $v(N)$ 中分得自己的份额, 用一个 n 维向量 $x=(x_1,\cdots,x_n)$ 来表示, 其中 x_i 是局中人 i 的份额. x 应该满足以下两个条件:

$$x_i \geqslant v(\{i\}), i=1,\cdots,n;$$
$$\sum_{i=1}^{n} x_i = v(N).$$

向量 x 称为分配. $\forall i=1,\cdots,n$, $x_i \geqslant v(\{i\})$ 表示对局中人 i 来说, 如果分配给他的 x_i 还达不到他单干所得到的支付, 他是不会接受的. $\sum_{i=1}^{n} x_i > v(N)$ 当然是不可能实现的, 但是如果 $\sum_{i=1}^{n} x_i < v(N)$, 每个局中人也都不会接受, 因为他们还期望从 $v(N)-\sum_{i=1}^{n} x_i$ 中再多分到一些.

设 $x=(x_1,\cdots,x_n)$ 和 $y=(y_1,\cdots,y_n)$ 是 n 人合作博弈 $\Gamma=(N,v)$ 的两个分配, $S\subset N$, $S\neq\varnothing$, 如果

$$v(S) \geqslant \sum_{i\in S} y_i,$$

且 $\forall i\in S$, 有 $y_i > x_i$, 则称 y 关于 S 优超于 x, 记为 $y \succ_S x$.

$v(S) \geqslant \sum_{i\in S} y_i$ 表示分配 y 可行, 而 $\forall i\in S, y_i > x_i$ 表示联盟 S 中每个成员都将选择 y 而拒绝 x.

如果存在 $S\subset N$, $S\neq\varnothing$, 使 $y\succ_S x$, 则称分配 y 优超于 x, 记为 $y\succ x$.

如果分配 x 不被其他任何分配优超, 所有这样的分配 x 称为 n 人合作博弈的核心, 记为 $c(v)$, 这样的分配可以被每个局中人所接受, 因为找不到可行的比它更好的分配.

对任意分配 $x=(x_1,\cdots,x_n)$, 对任意 $S\subset N$, 记 $x(S)=\sum\limits_{i\in S}x_i$.

定理 10.1.1　核心 $c(v)$ 可以表示为满足

$$x(S)\geqslant v(S),\ 对任意\ S\subset N$$

的分配 x 的全体.

证明　首先, 如果分配 x 满足上式, 用反证法, 设其被分配 y 优超, 即存在 $S\subset N$, $S\neq\varnothing$, 使 $v(S)\geqslant y(S)>x(S)$, 矛盾, 故 $x\in c(v)$.

反之, 如果 $x\in c(v)$, 而存在 $S\subset N$, 使 $x(S)<v(S)$, 显然 $S\neq N$, $N\backslash S\neq\varnothing$. 令

$$y_i=\begin{cases}x_i+\varepsilon, & i\in S,\\ v(\{i\})+\alpha, & i\notin S,\end{cases}$$

其中

$$\varepsilon=\frac{v(S)-x(S)}{s}>0,$$

$$\alpha=\frac{v(N)-v(S)-\sum\limits_{i\in N\backslash S}v(\{i\})}{n-s}\geqslant 0,$$

s 表示子集 S 中元素的个数.

容易验证: 当 $i\notin S$ 时, $y_i\geqslant v(\{i\})$. 当 $i\in S$ 时, $y_i>x_i\geqslant v(\{i\})$(因 x 是一个分配), 且

$$\begin{aligned}\sum_{i=1}^{n}y_i=&\sum_{i\in S}x_i+[v(S)-x(S)]+\sum_{i\in N\backslash S}v(\{i\})\\ &+v(N)-v(S)-\sum_{i\in N\backslash S}v(\{i\})=v(N),\end{aligned}$$

这表明 y 也是合作博弈 $\Gamma=(N,v)$ 的一个分配. 又

$$\sum_{i\in S}y_i=\sum_{i\in S}x_i+v(S)-x(S)=v(S),$$

故 $y\succ_S x$, 这与 $x\in c(v)$ 矛盾.

如果对任意的 $S,T\subset N$, 有 $v(S)+v(T)\leqslant v(S\bigcup T)+v(S\bigcap T)$, 则称合作博弈 $\Gamma=(N,v)$ 为凸博弈.

定理 10.1.2　设合作博弈 $\Gamma=(N,v)$ 是凸博弈, 则 $c(v)\neq\varnothing$.

证明 令 $x_1 = v(\{1\}), \cdots, x_k = v(\{1, \cdots, k\}) - v(\{1, \cdots, k-1\}), k = 2, \cdots, n$.

显然, $x_1 \geqslant v(\{1\}), x_k \geqslant v(\{k\})$, 且 $\sum_{i=1}^{n} x_i = v(N)$, 故 $x = (x_1, \cdots, x_n)$ 是一个分配.

以下证明对任意 $S \subset N$, 有 $x(S) \geqslant v(S)$, 这样由定理 10.1.1, 即得 $x \in c(v)$, $c(v) \neq \varnothing$.

记 $N \backslash S = \{j_1, \cdots, j_t\}$, 其中 $j_1 < \cdots < j_t$. 令 $T = \{1, \cdots, j_1\}$, 则 $S \bigcup T = S \bigcup \{j_1\}$, $S \bigcap T = S - \{j_1\}$. 因博弈 Γ 是凸博弈,

$$v(S) + v(T) \leqslant v(S \bigcup \{j_1\}) + v(T - \{j_1\}),$$

即

$$x_{j_1} = v(T) - v(T - \{j_1\}) \leqslant v(S \bigcup \{j_1\}) - v(S),$$

$$x(S \bigcup \{j_1\}) - x(S) \leqslant v(S \bigcup \{j_1\}) - v(S).$$

移项得

$$x(S) - v(S) \geqslant x(S \bigcup \{j_1\}) - v(S \bigcup \{j_1\}).$$

重复上述推论 t 次, 得

$$x(S) - v(S) \geqslant x(N) - v(N) = 0.$$

一般来说, 核心不是唯一的, 有时核心的集合相当大, 而有时核心甚至是空集.

10.2 Shapley 值

关于 Shapley 值, 是按照每个局中人对联盟的贡献来分配支付的一组数据:

$$\varphi(v) = (x_1, \cdots, x_n) = (\varphi_1(v), \cdots, \varphi_n(v)),$$

其中 $\varphi_i(v) = \sum_{S \subset N \backslash \{i\}} \frac{s!(n-s-1)!}{n!} [v(S \bigcup \{i\}) - v(S)]$, s 表示子集 $S \subset N \backslash \{i\}$ 中元素的个数.

推导方法较多, 解释如下: 假设有 n 个局中人在房门口随机排队, 每次进 1 人, 有 $n!$ 种不同的排队方式. 对于一个不包含局中人 i 的子集 S, 存在 $s!(n-s-1)!$

种不同的方式对局中人排序，使S 恰是局中人 i 前面的局中人集. 假定每个不同的排序是等可能的，则当局中人 i 进入房门时，$\frac{s!\,(n-s-1)!}{n!}$ 是联盟 S 已先于他进入房门的概率，而他对房间中联盟 S 的贡献为 $v\,(S\bigcup\{i\})-v\,(S)$(体现了局中人 i 对联盟 S 的价值)，于是

$$\varphi_i\,(v)=\sum_{S\subset N\backslash\{i\}}\frac{s!\,(n-s-1)!}{n!}\left[v\,(S\bigcup\{i\})-v\,(S)\right]$$

就是局中人 i 的期望贡献，也是对他的分配.

应用 Shapley 值可以解决应用中的一些分配问题.

例　某议会由 4 个政党 (红、蓝、绿、棕) 共 100 名议员组成，其中红党 43 人，蓝党 33 人，绿党 16 人，棕党 8 人. 每个政党都是一个集团，一致投票，看作一个参与人，故 $N=\{1,2,3,4\}$. 任何法律的通过都需要多数人同意.

设包含多数者联盟的支付为 1，没有包含多数者联盟的支付为 0. 对红党 $(i=1)$ 来说，

(1) 与蓝、绿、棕任何一个政党结盟即成多数，共三种情况，$S_1=\{2\}$, $S_2=\{3\}$, $S_3=\{4\}$;

(2) 与蓝、绿、棕任何二个政党结盟即成多数，共三种情况，$S_4=\{2,3\}$, $S_5=\{2,4\}$, $S_6=\{3,4\}$;

(3) 与蓝、绿、棕三个政党结盟即成多数，一种情况，$S_7=\{2,3,4\}$(注意到此时 $v\,(S_7\bigcup\{1\})-v\,(S_7)=0$).

Shapley 值 $\varphi_1\,(v)=\frac{1!2!}{4!}\times 3+\frac{2!1!}{4!}\times 3=\frac{1}{2}$.

对蓝党 $(i=2)$、绿党 $(i=3)$ 和棕党 $(i=4)$ 来说，可计算得 $\varphi_2\,(v)=\varphi_3\,(v)=\varphi_4\,(v)=\frac{1}{6}$.

一个政党的权力取决于它在多数者联盟形成过程中的作用，Shapley 值提供了对这种权力的测度，因而也称为权力指数.

参 考 文 献

[1] Kreps D M. 博弈论与经济模型. 邓方译. 北京: 商务印书馆, 2006.

[2] Nash J. Two-person cooperative games. Econometrica, 1953, 21: 128~140.

[3] J von Neumann, Morgenstern O. 博弈论与经济行为. 王文玉等译. 北京: 生活 · 读者 · 新知三联书店, 2004.

[4] Myerson R B. 博弈论 —— 矛盾冲突分析. 于寅等译. 北京: 中国经济出版社, 2001.

[5] Harsanyi J C. Games with incomplete information played by players. Management Science, 1967~1968, 14: 159~182, 320~334, 486~502.

[6] Selten R. Reexamination of perfectness concept for equilibrium points in extensive games. Inter. J of Game Theory, 1975, 4: 25~55.

[7] Wu W T, Jiang J H. Essential equilibrium points of N-person noncooperative games. Scientia Sinica, 1962, 11: 1307~1322.

[8] 俞建. 本质博弈与 Nash 平衡点集的本质连通区. 系统工程理论与实践, 2010, 30: 1798~1802.

[9] Shapley L S. A value for n-person games // Contributions to the Theory of Games II (Kuhn H W, Tucker A W, ed.), 1953: 307~317.

[10] 吴文俊. 博弈论杂谈 (一): 二人博弈. 数学通报, 1959, 10: 15~20.

[11] 俞建. 博弈论与非线性分析. 北京: 科学出版社, 2008.

[12] 俞建. 博弈论与非线性分析续论. 北京: 科学出版社, 2011.

[13] Border K C. Fixed Point Theorems with Applications to Economics and Game Theory. Cambridge: Cambridge University Press, 1985.

[14] Aubin J P. Optima and Equilibria. Berlin: Springer-Verlag, 1993.

[15] Klein E, Thompson A C. Theory of Correspondences. New York: A Wiley-Inter Science Publication, 1984.

[16] Franklin J. 数理经济学方法. 俞建等译. 贵阳: 贵州人民出版社, 1985.

[17] Goffman C. 多元微积分. 史济怀等译. 北京: 人民教育出版社, 1978.

[18] Hildenbrand W, Kirman A P. Equilibrium Analysis. Amsterdam: North-Holland, 1988.

[19] Fort M K. Points of continuity of semicontinuous functions. Publ. Math. Debrecen, 1951, 2: 100~102.

[20] Brouwer L. Uber Abbildungen von Mannigfaltigkeiten. Math. Ann., 1912, 71: 97~115.

[21] Kakutani S. A generalization of Brouwer's fixed point theorem. Duke Math. J., 1941, 8: 457~459.

[22] Fan K. A minimax inequality and applications. Inequalities. Vol.3(shisha O ed.). New York: Academic Press, 1972: 103~113.

[23] Tan K K, Yu J, Yuan X Z. The stability of Ky Fan's points. Proc. Amer. Math. Soc., 1995, 123: 1511~1519.

[24] Blum E, Oettli W. From optimization and variational inequalities to equilibrium problems. The Mathematics Student, 1994, 63: 123~145.

[25] Browder F E. The fixed point theory of multi-valued mappings in topological vector spaces. Math. Ann., 1968, 177: 283~302.

[26] Nash J. Equilibrium points in n-person games. Proc. Nat. Acad. Sci., 1950, 36: 48~49.

[27] Nash J. Non-cooperative games. Ann. of Math., 1951, 54: 285~295.

[28] Tan K K, Yu J, Yuan X Z. Existence of Nash equilibria for non-cooperative N-person games. Inter. J. of Game Theory, 1995, 24: 217~222.

[29] 俞建. Nash 平衡的存在性与稳定性. 系统科学与数学, 2002, 22: 296~311.

[30] Nikaido H, Isoda K. Note on non-cooperative convex games. Pacific J. Math., 1955, 5: 807-815.

[31] Sion M. On general minimax theorems. Pacific J. Math., 1958, 8: 171~176.

[32] Hardin G, The tragedy of the commons. Science. 1968, 162: 1243~1248.

[33] 杨荣基, 彼得罗相, 李颂志. 动态合作 —— 尖端博弈论. 北京: 中国市场出版社, 2007.

[34] Ostrom E. 公共事物的治理之道 —— 集体行动制度的演进. 余逊达等译. 上海: 上海三联书店, 2000.

[35] Yu J. On Nash equilibria in N-person games over reflexive Banach spaces. J. Optim. Theory Appl., 1992, 73: 211~214.

[36] 俞建. 自反 Banach 空间中 Ky Fan 点的存在性. 应用数学学报, 2008, 31: 126~131.

[37] Marco G, Morgan J. Slightly altruistic equilibria. J. Optim Theory Appl., 2008, 137: 347~362.

[38] 俞建. n 人非合作博弈的轻微利他平衡点. 系统科学与数学, 2011, 31: 534~539.

[39] Facchinei F, Kanzow C. Generalized Nash problems. Ann. Oper. Res., 2010, 175: 177~211.

[40] Krawczyk J B. Numerical solutions to coupled-constraint(or generalized Nash) equilibrium problems. Computational Management Sciences, 2007, 4: 183~204.

[41] Roughgarden T. Computing equilibria: a computation complexity perspective. Economic Theory, 2010, 42: 193~236.

[42] Mckelvey R D, Mclennan A. Computation of equilibria in finite game. Handbook of Computational Economics, Vol 1(Amman HM, Kendrick D A, Rust J ed). Elsevier Science, 1996: 87~142.

[43] Debreu G. Existence of competitive equilibrium. Handbook of Mathmatical Economics. Vol Ⅱ (Arrow K J, Intriligator M D ed.). Amsterdam:North-Holland Publishing Company, 1982: 697~743.

[44] Mas-Colell A, Whinston M D, Green J R. 微观经济学. 刘文忻等译. 北京: 中国社会科学出版社, 2007.

[45] Florenzano M. General Equilibrium Analysis. Boston: Kluwer Academic Publishers, 2003.

[46] Arrow K J , Debreu G. Existence of an equilibrium for a competitive economy. Econometrica, 1954, 22: 265-290.

[47] Uzawa H. Walras' existence theorem and Brouwer's fixed point theorem. Economic Studies Quarterly, 1962, 8: 59~62.

[48] Gale D. The law of supply and demand. Math. Scand., 1955, 3: 155~169.

[49] Nikaido H. On the classical multilateral exchange problems. Microeconomica, 1956, 8:135~145.

[50] Debreu G. Market equilibrium. Proc. Nat. Acad. Sci., 1956, 42: 876~878.

[51] Grandmont J M. Temporary genearal equilibrium theory. Econometrica, 1977, 45: 535~572.

[52] Tan K K, Yu J. Minimax inequalities and generalizations of the Gale-Nikaido-Debreu lemma. Bull. Austrla. Math. Soc., 1994, 49: 267~275.

[53] Pang J S, Fukushita M. Quasi-variational inequalities, generalized Nash equilibria and multi-follow games. Computational Management Science, 2005, 2: 21~56.

[54] Yu J, Wang H L. An existence theorem for equilibrium points for multi-leader-follower games. Nonlinear Analysis TMA, 2008, 69: 1775~1777.

[55] Chen G Y, Huang X X, Yang X Q. Vector Optimization. Berlin:Springer-Verlag, 2005.

[56] Yang H, Yu J. On essential components of the set of weakly Pareto-Nash equilibrium points. Appl. Math. Letters, 2002, 15: 553~560.

[57] Yu J, Peng D T. Solvability of vector Ky Fan inequalities with applications. J. Syst. Sci. Complex., 2013, 26: 978~990.

[58] Yu J, Yuan X Z. The study of Pareto equilibria for multiobjective games by fixed point and Ky Fan minimax inequality methods. Computer. Math. Applic., 1998, 35 (9): 19~24.

[59] Wang S Y. Existence of a Pareto equilibrium. J. Optim. Theory Appl., 1993, 79: 373~384.

[60] Binmore K. 博弈论教程. 谢识予等译. 上海: 格致出版社, 2010.

[61] Anderlini L, Canning D. Structural stability implies robustness to bounded rationality. J. Econom. Theory, 2001, 101: 395~422.

[62] Yu C, Yu J. On structural stability and robustness to bounded rationality. Nonlinear Analysis TMA, 2006, 65: 583~ 592.

[63] Yu C, Yu J. Bounded rationality in multiobjective games. Nonlinear Analysis TMA, 2007, 67: 930~937.

[64] Yu J, Yang H, Yu C. Structural stability and robustness to bounded rationality for non-compact cases. J. Global Optim., 2009, 44: 149~157.

[65] Miyazaki Y, Azuma H. (λ, ε)-stable model and essential equilibria. Mathematical Social Science, 2013, 65: 85~61.

[66] 俞建. 对策论中的本质平衡. 应用数学学报, 1993, 16: 153~157.

[67] Yu J. Essential equilibria of n-person nocooperative games. J. Math. Economics, 1999, 31: 361~372.

[68] Carbonell-Nicolau O. Essential equilibria in nornal-form games. J. Economic Theory, 2010, 145: 421~431.

[69] Scalzo V. Essential equilibria of discontinuous games. Economic Theory, 2013, 54: 27~44.

[70] Yu J. Essential weak efficient solution in multiobjective optimization problems. J. Math. Anal. Appl., 1992, 166: 230~235.

[71] Tan K K, Yu J, Yuan X Z. The uniqueness of saddle points. Bulletin of the Polish Academy of Sciences Mathematics, 1995, 43: 119~129.

[72] Yu J, Peng D T, Xiang S W. Generic uniqueness of equilibrium problems. Nonlinear Analysis, TMA, 2011, 74: 6326~6332.

[73] Peng D T, Yu J, Xiu N H. Generic uniqueness of solutions for a class of vector Ky Fan inequalities. J.Optim.Theory Appl., 2012, 155: 165~179.

[74] Peng D T, Yu J, Xiu N H. Generic uniqueness of theorems with some applications. J. Global Optim., 2013, 56: 713~725.

[75] Myerson R B. Refinement of the Nash equilibrium concept. Inter. J. of Game Theory, 1978, 7: 73~80.

[76] Kreps D M, Wilson R. Sequential equilibria. Econometrica, 1982, 50: 863~894.

[77] Kohlberg E, Mertens J F. On the strategic stability of equilibria. Econometrica, 1986, 54: 1003~1037.

[78] Hillas J. On the definition of the strategic stability of equilibria. Econometrica, 1990, 58: 1365~1390.

[79] Yu J. Xiang S W. On essential components of the Nash equilibrium points. Nonlinear Analysis TMA, 1999, 38: 259~264.

[80] Yu J, Luo Q. On essential components of the solution set of generalized games. J. Math. Anal. Appl., 1999, 230: 303~310.

[81] Lin Z, Yang H, Yu J. On existence and essential components of the solutions set for the system of vector quasi-equilibrium problems. Nonlinear Analysis TMA, 2005, 63:2445~2452.

[82] Zhou Y H, Yu J, Xiang S W . Essential stability in games with infinitely many pure strategery. Inter. J. of Game Theory, 2007, 35: 493~503.

[83] Yu J, Zhou Y H. A Hausdorff metric inequality with applications to the existence of essential components. Nonlinear Analysis TMA, 2008, 69: 1851~1855.

[84] 俞建, 陈国强, 向淑文, 杨辉. 本质连通区的存在性和稳定性. 应用数学学报, 2004, 27: 201~209.

[85] Yu J, Yang H, Xiang S W. Unified approach to existence and stability of essential components. Nonlinear Analysis TMA, 2005, 63: 2415~2425.

[86] Zhou Y H, Yu J, Xiang S W, Wang L. Essential stability in games with endogenous sharing rules. J. Math. Economics, 2009, 45: 233~240.

[87] 董保民, 王运通, 郭桂霞. 合作博弈论. 北京: 中国市场出版社, 2008.

[88] Roth A E. The Shapley Value: Essays in Honor of L.S.Shapley. Cambridge:Cambridge University Press, 1988.

（O-5589.31）

科学数理分社
电 话：(010) 64033664
Email：math-phy@mail.sciencep.com
网 址：www.math-phy.cn

销售分类建议：高等数学

www.sciencep.com

定 价：48.00 元

实用手术室管理手册

主编 马育璇

第2版